문명에서 AI까지 인류를 바꾼

수학의 발견

문명에서 AI까지 인류를 바꾼

수학의 발견

ⓒ 박구연, 2026

초판 1쇄 인쇄일 2026년 4월 27일
초판 1쇄 발행일 2026년 5월 7일
지은이 박구연
펴낸이 김지영   **펴낸곳** 지브레인^{Gbrain}
편집 김현주
마케팅 조명구   **제작·관리** 김동영

출판등록 2001년 7월 3일 제2005-000022호
주소 04021 서울시 마포구 월드컵로7길 88 2층
전화 (02)2648-7224   **팩스** (02)2654-7696

ISBN 978-89-5979-818-6(03410)

고대에서 현대 AI로 이어지는
수학의 흐름

문명에서 AI까지
인류를 바꾼

수학의
발견

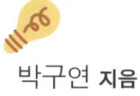

박구연 지음

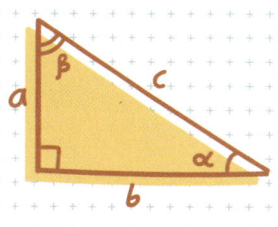

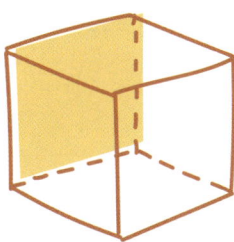

$$(a+b)^2 = a^2 + ab + b^2$$

지브레인

"수학은 몰라도 사는 데 지장 없다."

한 번쯤 들어봤을, 참 매력적이고 위안이 되는 말이다. 하지만 정말 그럴까?

사실 우리는 24시간 수학의 바다에서 헤엄치고 있다. 스마트 폰으로 경제 흐름과 데이터를 확인하고, 알고리즘이 추천해 준 영상을 즐기며, 자율주행 택시를 타고 외식을 하러 가는 일상 자체가 거대한 수학적 연산의 결과물이다. 이제 수학은 우주 탐사 같은 거창한 뉴스 속에만 있는 게 아니라, 당신의 배달 앱 예상 도착 시간이나 쇼핑몰 할인율 속에도 숨어 있다.

잠깐 질문을 바꿔볼까?

"사칙연산만 잘하면 생활하는 데 문제없지 않을까?"

틀린 말은 아니다. 편의점에서 계산하고 더치페이하는 정도라면 산수만으로 충분하다. 하지만 2026년의 세상은 '산수'만 아는 사람과 '수학적 사고'를 하는 사람의 기회가 완전히 달라지는 시대이다. 생성형 AI가 인간의 업무를 대신하는 지금, AI에게 무엇을 시킬지 결정하는 논리력의 뿌리가 바로 수학이기 때문이다.

《수학의 발견》은 여러분을 고통스러운 공식의 늪으로 빠뜨리지 않는다. 대신 우리가 미처 인식하지 못했던 수학의 '쓸모'를 흥미로운 사례로 소개한다. 0이라는 숫자가 어떻게 디지털 세상을 열었는지, 복잡한 프랙탈 구조가 어떻게 가상현실(VR)과 게임 그래픽의 마법이 되었는지 보여준다.

소수와 미적분이 없었다면 지금의 보안 시스템과 첨단 공학은 존재할 수 없다. 4차 산업혁명을 넘어 AI와 로봇이 일상이 된 오늘날, 수학은 국가 경쟁력이자 개인의 가장 강력한 무기다. 이미 전 세계가 코딩을 필수 언어로 배우고 있고, 그 코딩의 엔진은 결국 수학적 사고력이다.

100세 시대, 이제 나이는 숫자에 불과하다. 하지만 그 '숫자'를 다루는 법을 모른다면 미래의 기회는 반쪽짜리가 될 수도 있다. 전문가들은 앞으로 생겨날 수천 개의 고부가가치 직업 대부분이 수학적 기초 위에 세워질 거라고 예고한다. 이제 수학은 '몰라도 되는 과목'이 아니라, 알았을 때 인생의 '치트키'가 되는 기회의 학문이다.

이 책은 인류가 쌓아온 위대한 수학적 발견 중, 우리 일상과 미래 직업에 바로 연결되는 수학의 발견을 소개하고 있다. 수많은 이미지와 도표를 통해, 딱딱한 교과서 속에 갇혀 있던 수학이 어떻게 살아 움직이며 세상을 바꾸는지 보여줄 것이다. 따라서 이 책을 통해 여러분은 수학이 시험을 위해 존재하는 학문이 아니라 미래를 설계하는 가장 짜릿한 도구가 되는 과정을 만나보게 될 것이다.

차례

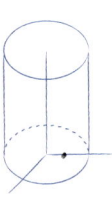

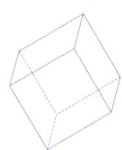

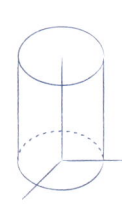

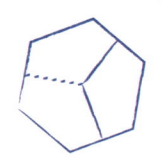

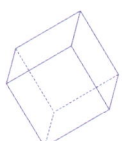

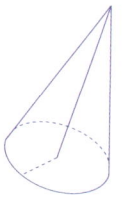

1 허수 i

: 존재하지 않지만 세상을 돌아가게 하는 '가상의 수'

이차 이상의 다항방정식부터는 방정식을 풀었을 때 일차방정식과 다른 결괏값을 얻게 된다. 일차방정식의 해는 실수의 범위 내에서 구할 수 있다. 그러나 이차방정식의 해는 실수가 나오지 않을 수도 있다. 이때 허수가 등장한다.

허수는 제곱하여 -1이 되는 수 i를 바탕으로 한 상상의 수이다. 따라서 실수의 범위를 벗어나는 수이다. 또한 부호가 다른 허수라도 크기를 실수처럼 비교할 수 없는 수이기도 하다. $2i$와 $-2i$의 부등호 방향은 알 수 없다.

만약 같은 수를 두 번 곱하여 1이 되는 수는 무엇일까? 여러분은 1 또는 -1이라고 대답할 것이다. 계속해서 제곱하여 -1이 되는 수를 실수에서 구한다면 어떻게 될까? 이 경우에는 실수로는 구할 수 없다. 그리고 이때 나오는 값인 i 또는 $-i$가 허수이다.

재미있는 것은 우리의 일상생활에서 흔히 접할 수 있는 수가 실수이고 허수를 경험하긴 힘들 거라고 생각하지만 사실 허수가 실수보다 더 많이 우리 일상에 나타나고 있다는 사실이다.

전기공학에서 보게 되는 전기 문제에는 허수를 많이 이용한다. 4차 산업의 유망직종인 증강현실, 가상현실, 3D프린터 산업에도 허수를 이용한다. 또한 학문적으로도 물리학뿐만 아니라 전자공학 분야에도 허수가 등장해 어려운 난제를 해결하고 설명하는 데 이용되고 있다.

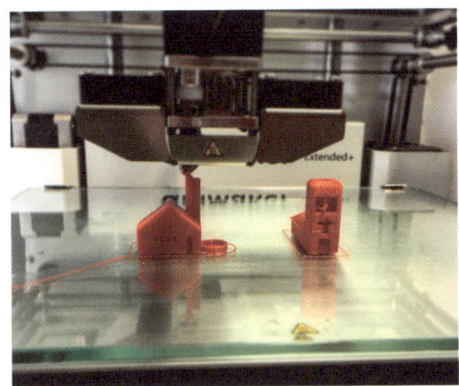

3D프린터.

세계는 여행, 관광, 공연의 패러다임을 바꾸게 될 것이다.

증강현실이 실현되면 우리의 삶도 큰 변화를 맞이하게 될 것이다. 그리고 이를 가능하게 하는 조건 중 하나가 수학이다.

마방진

: 가로, 세로, 대각선—어디로 가도 결국 같은 목적지

마방진은 주어진 숫자들의 짜임새 있는 배열을 보여주는 재미있는 수학 분야이다. 마방진은 가로, 세로, 대각선의 숫자들의 합이 동일하도록 배열된 판으로, 정확한 기원은 찾을 수 없지만 현재 남아 있는 기록으로는 하나라 우왕이 홍수를 막기 위해 제방을 쌓다가 발견했다는 거북이의 등껍질에 있던 신비한 문양에 대한 이야기가 전해진다.

마방진에 대한 간단한 원리는 다음과 같다.

1부터 9까지의 숫자를 한 번에 써서 가로와 세로의 합, 대각선의 합이 15가 되는 마방진을 살펴보자.

2	7	6
9	5	1
4	3	8

그리고 가로, 세로가 4×4인 배열을 가진 마방진도 있다.

5	8	6	11
2	15	1	12
9	4	10	7
14	3	13	0

13	8	12	1
2	11	7	14
3	10	6	15
16	5	9	4

위의 왼쪽 마방진은 가로, 세로, 대각선의 합이 30이고, 오른쪽 마방진은 34이다. 인도에서는 6세기에 출산 점과 천문학, 점성술학 등에도 마방진을 응용한 바 있었다. 유럽에서도 마방진은 항상 수학 분야에서 중요한 연구 대상이었으며, 고대 마야와 아프리카에 이르기

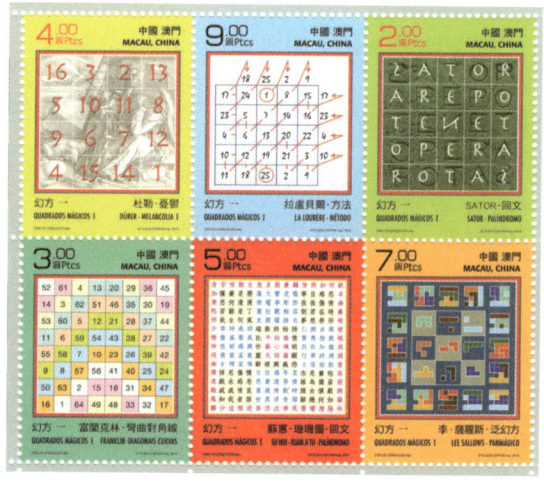

중국에서 발행된 다양한 형태의 마방진 우표.

까지 농업과 점성술, 운명학 등에도 활용했다. 마방진은 수 배열을 변화시키면 원형, 육각형, 팔각형 등 다양한 모양으로 바꿀 수 있다.

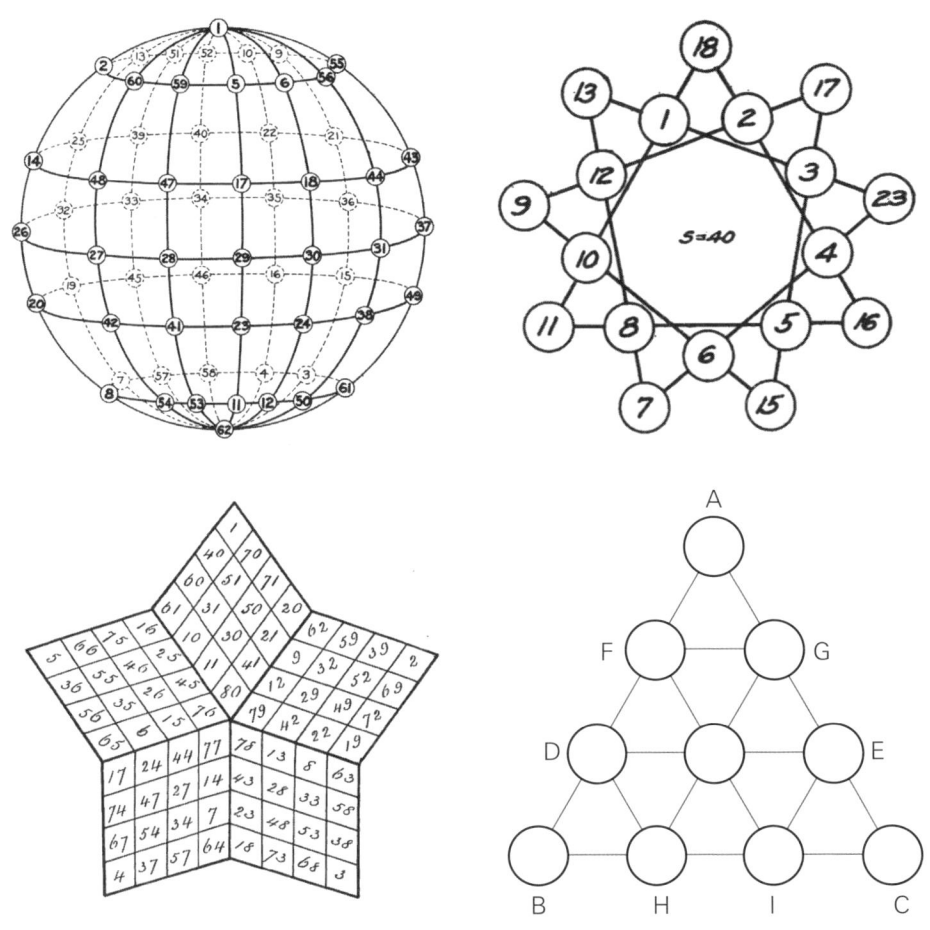

다양한 형태의 마방진.

마방진은 스도쿠나 숫자 퍼즐, 펜토미노 등 여러 수학 게임에도 많은 영향을 주었다. 그리고 지금도 체스 게임과 한붓그리기와의 관계를 통해 수학 연구도 진행 중에 있다. 반도체 설계 등에서도 마방진의 원리가 활용되기도 한다.

체스.

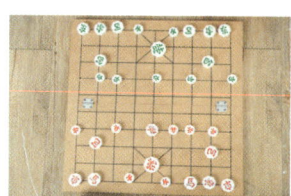
장기.

반도체 칩.

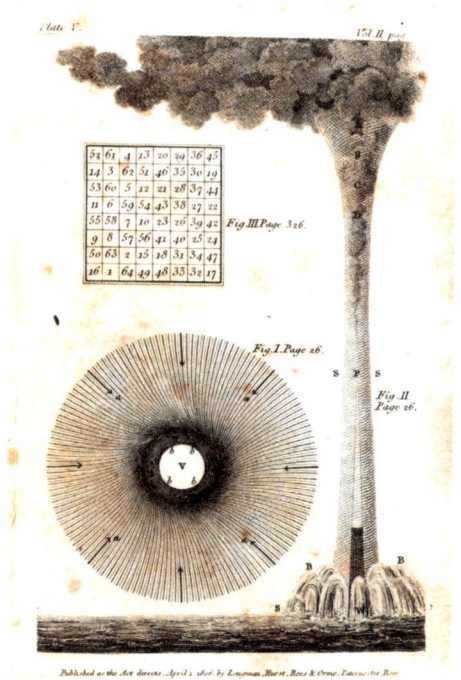
벤자민 프랭클린의 연구 일지에서 발견된 마방진 (1806).

펜토미노.

3 0의 발견

: 인류가 찾아낸 가장 위대한 '아무것도 없음'

0이라는 숫자는 지금 매우 편리하게 쓰이지만 고대 인도에서 개념이 정립되기 전까지는 표기 상으로는 없던 숫자였다. 즉 1에서 9까지 사용하면서 세는 데는 0이라는 숫자가 필요없었으므로 실용수학에서는 그다지 관심이 없었다. '내가 1개의 사과를 가지고 있다.', '내가 3개의 구슬을 가지고 있다'라는 표현에서 알 수 있듯이 0

이라는 숫자는 굳이 나타낼 필요는 없는 것이다. '우산을 0개 가지고 있다'는 문장을 굳이 표현할 필요가 있을까?

고대에는 숫자 간 띄어쓰기로 0

을 대신해 나타냈으며, 바빌로니아는 몇 가지 기호를 이용해 자릿수를 나타냈다. 그러면서도 무한대에 0을 곱하는 문제는 수학자들에게 매우 중요한 논의 대상이었다.

《산반서》에서 0은 매우 중요한 숫자이며 303에서 3과 3 사이의 십의 자릿수 0과 900의 9 뒤의 두 개의 0은 각각 십의 자릿수와 일의 자릿수라는 설명을 보여줌으로써 0의 중요성을 뒷받침했다. 수의 끝자릿수에 단순하게 0을 붙이면 10배씩 커지는 것에서도 0이라는 숫자의 영향을 알 수 있을 것

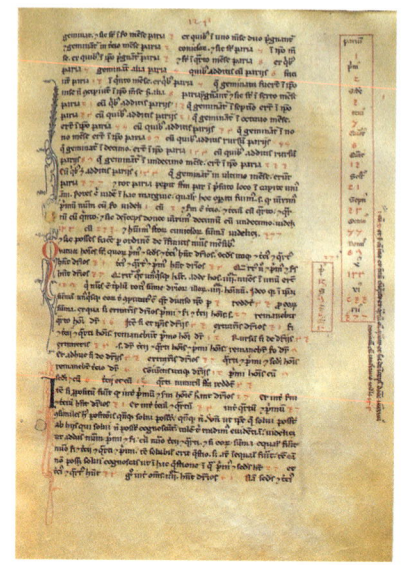

《산반서》 중에서.

컴퓨터.

로켓.

롤러코스터.

이다. 그리고 덧셈과 뺄셈 등의 계산에서 0의 받아올림과 받아내림에서 0에 대한 계산도 피력했다.

  0이라는 숫자는 0과 1의 두 숫자만 쓰는 컴퓨터에도 이용되며, 우주 과학에서 블랙홀의 존재를 설명하는 데도 필요했다. 부피가 0에 가까워지고, 밀도가 무한대로 늘어나는 블랙홀의 존재를 감지하는 데 필요한 숫자가 0이기 때문이다. 로켓이나 인공위성에서 순간속도가 0일 때를 멈춘 상태로 나타내는데 만약 0이 없다면 얼마나 많은 제약이 생길지는 여러분도 쉽게 짐작할 수 있을 것이다. 이는 롤러코스터가 최대높이일 때의 순간속도에서도 찾아볼 수 있다. 이때 역시 0을 사용하는 것이다. 수평선, 수직선, 좌표평면의 기준점으로 음수와 양수를 나눌 때도 0의 존재는 중요하다. 따라서 0은 수학에 매우 많은 영향을 준 위대한 발견이다.

블랙홀의 성질을 설명하는 데도 0의 역할이 중요하다.

4 무리수

: 끝을 알 수 없는 숫자의 끝없는 매력

무리수는 소수로 나타냈을 때 순환하지 않는 무한소수이다. $\sqrt{2} = 1.41421356\cdots$, $\pi = 3.1415926\cdots$, $e = 2.7182\cdots$같은 수이지만 무한하게 나열되는 끝없는 수를 의미한다.

피타고라스학파는 수를 만물의 근원으로 생각했다. 자연계의 모든 물질을 숫자로 나타냈으며, 도형과 결혼도 숫자로 나타내어 연구한 학파이다. 다양한 영역에 숫자만으로 설명과 증명을 추구한 것이다. 그리고 피타고라스보다 더 오래전부터 고대 이집트를 비롯한 고대 사회에서는 사각형의 가로의 길이가 3, 세로의

3.141592653589793238462643383279502
884197169399375105820974944592307811
640628620899862803482534211706679821
480865132823066470938446095505822317
253594081284811174502841027019385211
055596446229489549303819644288109756
659334461284756482337867831652712019
091456485669234603486104543266482133
936072602491412737245870066063155881
748815209209628292540917153636789259
036001133053054882046652138414695194
151160943305727036575959195309218611
738193261179310511854807446237996274
956735188575272489122793

파이(π)

길이가 4일 때, 대각선의 길이가 5라는 사실을 알고 있었다. 이를 피타고라스가 정리했기 때문에 피타고라스의 정리로 알려지게 되었다. 그런데 피타고라스의 정리에는 비극적 에피소드도 전해진다.

당시에 숫자는 자연수와 분수 형태인 $\frac{a}{b}$가 대부분을 차지한다고 생각했는데 이런 피타고라스학파의 믿음이 무너지는 사건이 발생한다. 이탈리아 출신의 피타고라스학파의 수학자이자 철학자 히파수스^{Hippasus, 기원전 5세기경}가 밑변과 높이의 비가 1:1인 대각선의 길이가 유리수나 자연수로는 나타낼 수 없는 무리수임을 주장했기 때문이다. 뿐만 아니라 한 변의 길이가 1인 정사각형의 대각선의 길이가 유리수와 자연수로는 설명이 안 되며 증명 또한 하기 어려운 숫자가 나타났다. 그러자 피타고라스학파들은 이를 발견한 히파수스를 바다에 던져서 익사시켰다고 한다(정확한 이야기는 아니다).

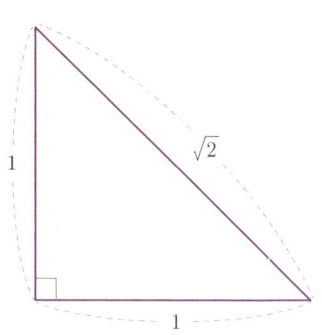

히파수스는 무리수라는 위대한 수학적 발견을 했지만 그로 인해 자신의 목숨을 잃어야만 했던 것이다. 이것이 바로 제곱근인 $\sqrt{}$ 로 표기되는 무리수이다.

무리수는 이차방정식의 근의 풀이와 기하학에 많은 영향을 주었다. 특히 허수의 발견 전까지는 이차방정식을 풀기 위해서는 무리수가 반드시 필요했다.

원주율 π는 소수점 둘째 자리까지 나타내면 3.14이지만 그 이후에는 지금까지도 그 끝을 알 수 없는 무한한 수이다. 현재까지는 1조 자릿수를 초과한다. 원의 둘레는 지름×π, 원의 넓이는 π×반지름×반지름으로 쉽게 계산할 수 있다.

둥근 도형이나 물체의 넓이나 부피를 구할 때 반드시 적용되는 원주율은 미적분에도 영향을 주었다. 또한 태양계의 공전주기 또는 별자리에도 사용하며 미세한 원자 또는 분자에도 사용하므로 과학계에서는 매우 중요한 수이다.

자연상수 e는 오일러의 상수로도 불린다. 1737년에 오일러가 발견한 것이다. 그 값은 약 2.71828로, 조 자릿수를 초과하는 것으로 알려진 원주율 π만큼이나 어마어마한 자릿수를 자랑하며 무한대 연구에 많은 대상이 되는 수이다. 또한 자연상수 e는 공학 분야에서도 널리 사용하며, 일부 자연계의 법칙, 복리 계산, 통계를 분석할 때 사용하는 수이다.

태양계의 공전주기.

5 로그 ^{log}

: 거대한 우주를 한 손에 담는 계산법

존 네이피어.

17세기는 수학과 과학이 눈부시게 발전한 시기이다. 그중 스코틀랜드의 귀족 출신인 영국 수학자 네이피어^{John Napier 1550~1617}가 발견한 로그는 천문학과 물리학에도 많은 영향을 주었다. 과학계에 로그만큼이나 환영받는 분야는 없을 정도였으며 수학과 과학 연구에 일대 변혁을 불러오며 매우 중요한 위치에 놓이게 되었다.

1614년에 존 네이피어가 《놀라운 로그

법칙 설명》에서 로그의 계산법을 처음으로 소개하면서 로그의 계산과 성질, 활용 방법이 알려지게 되었다. 이와 같은 로그를 가장 먼저 받아들인 분야는 천문학이었다.

간편하고도 효율적으로 계산하기 위해 만들어진 로그답게 로그를 사용하면 큰 수를 쉽고 빠르게 계산할 수 있었다.

1617년에는 수학자 브리그스가 《로그 산술》에 밑을 10으로 하는 상용로그를 소개하고 10만 개의 상용로그표를 수록했다. 이는 수학과 과학에 지대한 영향을 주었다. 로그의 발견은 또한 지수에 관한 연구도 동시에 발전시켰다. 뿐만 아니라 디지털 컴퓨터 이전에 널리 쓰인 계산자의 탄생을 유도했다.

지진의 규모를 나타내는 리히터 규모, 소리의 세기인 벨^{Bel} 단위, 수소 이온화지수 pH에는 밑이 10인 상용로그가 적용된다. 별의 밝기를 나타내는 단위에도 로그를 사용한다.

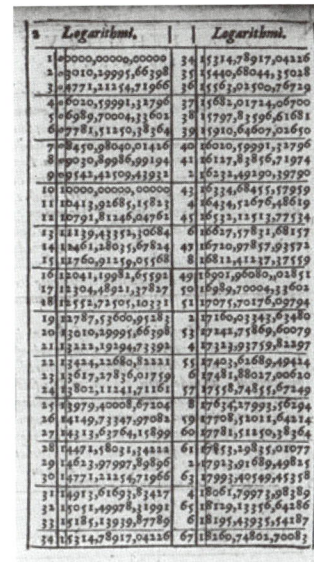

영국 박물관이 보관 중인 《로그 산술》중 일부.

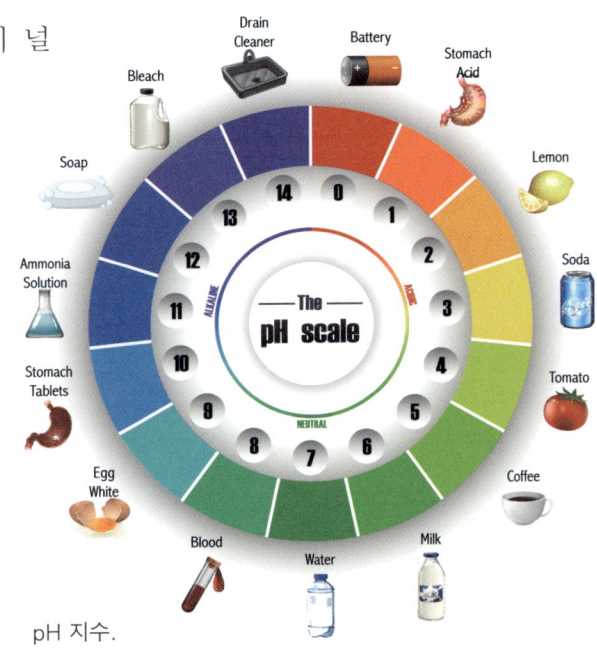

pH 지수.

수정 메르칼리 진도 계급

《한 권으로 끝내는 과학》 중에서

I.	측정하기 좋은 장소에 있는 소수의 사람들만 느낄 수 있는 정도.
II.	자고 있는 사람, 특히 건물의 위층에서 자고 있는 사람이 느낄 수 있는 정도. 천장에 매달린 물체가 흔들린다.
III.	실내에서 느낄 수 있는 정도. 특히 건물의 위층에 살고 있는 사람이 뚜렷이 느낄 수 있다. 그러나 지진에 의한 것이라고는 인식하지 못할 수도 있다. 서있는 자동차가 조금 흔들린다. 트럭이 지나가는 정도의 흔들림을 느낀다.
IV.	낮에는 실내에 있는 사람 대부분이 느낄 수 있지만 실외 활동을 하는 사람들은 소수만 느낄 수 있다. 밤에는 잠에서 깨는 사람도 있다. 접시, 창문, 문이 흔들리고, 벽이 갈라지는 것 같은 소리를 낸다. 트럭에 건물에 충돌한 것과 같은 느낌을 받는다. 서 있는 자동차가 눈에 띄게 흔들린다.
V.	거의 모든 사람이 느끼고 많은 사람들이 잠에서 깬다. 접시와 창문의 일부가 깨진다. 벽에 붙인 타일에 금이 가고, 불안정한 물건이 넘어진다. 나무, 깃대와 같은 높이가 높은 물체가 쓰러지기도 한다. 괘종시계가 멈추어 서기도 한다.
VI.	모든 사람이 느낄 수 있고, 많은 사람들이 공포를 느낀다. 무거운 가구의 일부가 움직이고, 벽에 걸어놓은 물건이 떨어지거나 굴뚝이 피해를 입기도 한다. 가벼운 피해가 발생한다.
VII.	모든 사람들이 건물 밖으로 뛰어나간다. 설계가 잘된 건물에는 거의 피해가 발생하지 않지만 중간 정도의 내진 설계를 한 건물에는 어느 정도의 피해가 발생하고, 내진 설계를 하지 않은 건물은 굴뚝이 붕괴히는 것과 같은 피해가 발생한다
VIII.	특별한 내진 설계를 한 건물에는 경미한 피해가 발생한다. 보통의 건물은 부분적으로 파괴되는 피해를 입는다. 지진에 취약한 건물은 대부분 심각한 피해가 발생한다. 벽에 패널을 붙인 건물에서는 패널이 떨어져 나간다. 굴뚝, 공장 물건 적치장, 기둥, 기념물, 벽 등이 넘어진다. 실내에서는 무거운 가구가 넘어진다. 적은 양의 모래와 진흙이 분출된다. 샘물의 양이 변한다. 자동차를 운전하는 사람이 진동을 느낀다.
IX.	내진 설계가 잘된 건물에도 피해가 발생한다. 보통의 건물은 부분적으로 붕괴하는 심각한 피해가 발생한다. 건물이 바닥으로부터 기울어진다. 땅에 눈에 띄는 균열이 발생한다. 지하에 매설한 파이프가 터진다.
X.	잘 설계된 목재 건물이 파괴된다. 대분의 저택과 건물이 기초부터 파괴된다. 땅에 매우 큰 균열이 발생한다. 철로가 휜다. 강둑이나 급경사 지역에서 사태가 발생한다. 모래와 흙이 움직인다. 물결이 일고, 호수의 물이 둑 위로 넘친다.
XI.	소수의 건물만 넘어지지 않고 서 있다. 다리가 파괴된다. 땅에 넓은 틈이 생긴다. 지하에 매설된 파이프라인이 전면적으로 작동을 중지한다. 땅이 꺼지고, 단단하지 않은 흙이 흘러내린다. 철로가 심각하게 휜다.
XII.	전체적인 파괴가 일어난다. 지표면에서 파동을 볼 수 있다. 시야가 흔들린다. 물건이 공중으로 튕겨 나간다.

* 현대 사회는 리히터 규모보다 더 세분화된 수정 메르칼리 진도 계급을 좀 더 이용하고 있다.

6 적분

: 잘게 쪼개진 일상을 하나로 모으는 힘

적분과 미분을 합하여 미적분이라 하는데, 적분이 먼저 세상에 소개되었다. 적분은 그림을 그리는 것부터 시작한다. 고대에는 배의 부피나 포도주 통의 부피를 구하는데 적분을 사용했다.

적분의 기본 개념은 넓이를 구하는 것으로, 삼각형의 넓이 공식인 밑변×높이÷2도 그 대표적 예이다.

고대에는 '실진법'이라는 넓이 계산 방식이 있었다. 실진법은 곡선으로 둘러싸인 도형의 넓이를 잘게 나누어 구하는 적분 방법이다.

원의 넓이를 구하는 것도 실진법의 대표적 예이다.

적분의 기호인 인티그럴 $\int$ 를 사용한 수학자는 라이프니츠이다. 평면도형과 입체도형을 무수히 많은 단면으로 나누어서 계산하는 것에 대한 수학적 기호

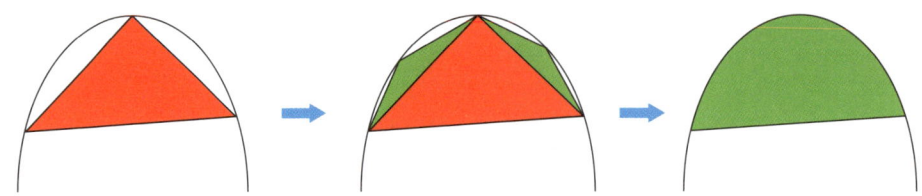

실진법의 예.

로서의 인티그럴은 적분학의 변화를 크게 뒤흔들며 발전시켰다. 그는 이와 같은 적분법을 뉴턴과 거의 같은 시기에 독립적으로 발표하며 체계적으로 정리했다.

라이프니츠는 적분학을 수리적으로 쉽게 계산할 수 있도록 하고, 미분과 적분을 분리하지 않고 하나로 생각하여 접근하는 방식을 소개했다. 적분의 계산 방법에 미분의 도함수를 대입하여 미분과 적분을 함께 생각하도록 한 것이다. 이는 미분의 반대 개념을 적분으로 본 것이기도 하다.

적분학은 우주 천체에 대한 넓이와 부피를 구하는 등 행성과 달, 은하계, 태양계 등을 다루는 우주 과학 분야에서 폭넓게 사용하고 있다. 우리의 사고 지평을 넓히는데 큰 역할을 하게 된 것이다. 또한 건축학, 물리학, 의학계에서도 이용하고 있다. 신체를 여러 부분으로 나누어서 촬영되는 CT 기술과 3D 프린터, 전자 악기 설계와 음성 인식 등 우리 생활에도 적분은 큰 공헌을 하고 있다.

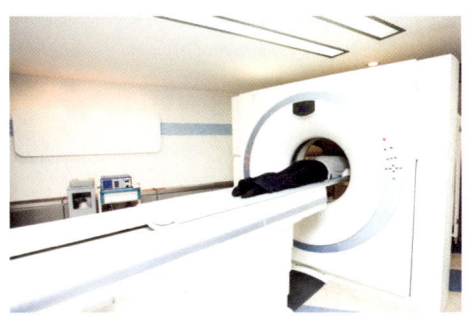

CT 촬영을 통해 밝혀지는 질병은 치료 방향을 정하는데 큰 도움이 된다.

적분을 이용해 설계한 다양한 전자 악기들.

7 벡터

: 숫자에 '방향'을 더하면 시작되는 움직임

크기만을 가진 양을 스칼라라고 한다. 차가 동쪽을 향해 100km/h로 주행한다고 했을 때 시속을 가리키는 100km/h라는 속력이 스칼라이다. 동쪽을 향해 100km/h라고 한다면 이것은 벡터이다. 벡터는 크기에 방향을 더한 물리량을 말한다.

$$A \xrightarrow{\quad\vec{a}\quad} B$$

벡터에서는 점 A에서 점 B로 동쪽으로 이동하는 방향을 알 수 있다. 그리고 화살표의 길이가 바로 벡터의 크기이다. 벡터는 화살표를 같이 표시한 $\overrightarrow{AB}$ 또는 $\vec{a}$로 나타낸다.

이렇게 크기와 방향을 한눈에 알기 쉽게 나타낼 수 있으며 움직이는 모든 물체를 다룰 수 있기 때문에 과학 분야에서는 벡터를 폭넓게 활용하고 있다. 또한 벡터를 다루는 기술이 항해술에서 매우 중요했다는 것을 보면 벡터가 가리키는 화살표와 크기가 얼마나 중요한 표시였는지 짐작할 수 있을 것이다.

바다를 지배하는 국가가 무역을 통해 강성한 나라로 클 수 있었기 때문에 항해술은 매우 중요했다.

벡터는 현대사회에서도 여전한 영향력을 발휘하고 있다. 스포츠 과학, 천문학, 역학, 음성학, 로봇 제작, 자동차 생산, 드론 제작, 네비게이션 등이 모두 벡터를 활발하게 적용시키고 있는 분야들이다.

드론, 네비게이션, 로봇 등은 모두 4차 산업혁명 시대를 상징하는 것들이다.

8 알마게스트

: 상상력과 수학으로 그려낸 고대의 우주

우리는 지동설을 믿고 있지만 500여 년 전까지만 해도 천동설을 진실로 받아들였다. 그때는 종교적 권위와 수학적 증명 그리고 타당한 논리가 바탕이 되어 천동설을 받아들이는 것에 한치의 의심도 없던 시대였다. 이처럼 천동설이 진리가 되는데 큰 역할을 한 것이 《알마게스트》이다.

당시 천동설을 주장한 대표적인 천문학자이자 점성술사, 지리학자. 수학자인 프톨레마이오스^{Claudius Ptolemaeos, 83~168}가 남긴 13권의 저서 《알마게스트》는 유클리드의 《원

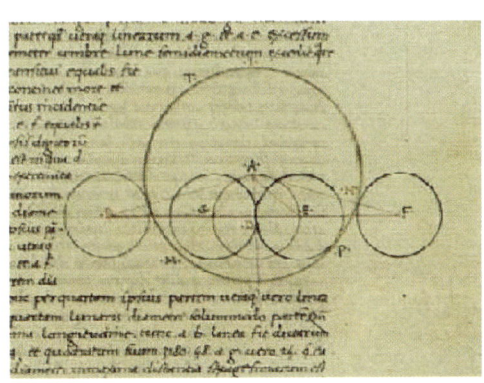

《알마게스트》 중 일부.

프톨레마이오스.

프톨레마이오스의 우주론.

론》과 함께 수하과 과하에 많은 영향을 주었다. 2000여 년 전의 저술서《알마게스트》에는 놀랍게도 삼각법이 소개되어 있다.삼각법은 이후 삼각함수의 발전과 연결되었으며 사인법칙과 반각·배각의 법칙은 삼각함수의 확장을 보여준다.

이밖에도《알마게스트》는 측량법, 항해술뿐만 아니라 음향학에도 영향을 주었다.

수학자 푸리에 Jean Baptiste Joseph Fourier, 1768~1830 는 '모든 주기적 파형은 사인과 코사인 함수의 합으로 나타낼 수 있다'는 사실을 분석하고 수학적으로 정리했다. 우리가 듣는 오케스트라와 신디사이저 음악 또한 삼각함수에 의한 분석과 증명으로 가능해졌다. 병원에서

푸리에.

볼 수 있는 바이탈 사인이나 지진감지기에서도 삼각함수의 영향을 발견할 수 있다. 우리는 이를 통해 파동을 이루는 모든 물체나 현상을 증명하는 데 수학이 얼마나 기여했는지 알 수 있을 것이다.

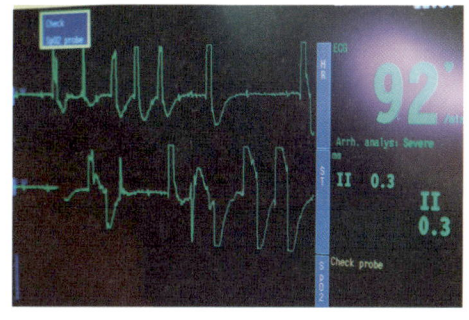

병원의 응급실이나 치료실에서 볼 수 있는 바이탈 사인도 삼각함수의 발전으로 개발한 것이다.

2011년 지진으로 발생한 해일이 덮친 아유타야의 지진 전과 후의 모습.

난수

: 기계는 정말로 '우연'을 만들 수 있을까?

난수는 임의로 생성되는 수로, 통계학에서 임의의 수를 생성하여 분포를 파악하거나 검정 등을 할 때에 필요하다. 통계학 분야에 많은 업적을 쌓은 영국의 수학자 티펫$^{\text{Leonard Henry Caleb Tippett, 1902~1985}}$이 1927년 난수표를 편찬하면서 알려졌다.

만약 난수를 10개 만들어 보라고 한다면 여러분은 어떻게 할 것인가?

예를 들어 무작위로 2, 3, 5, 6, 9, 7, 4, 8, 2, 1을 어렵지 않게 만들 수 있을 것이다.

이번에는 100개의 난수를 만들어 보자. 아마 좀 더 시간이 걸릴 것이다. 다시 이보다 더 큰 숫자로 난수를 만들라고 했을 때는 제시된 숫자에 따라 많은 시간을 필요로 할 것이고 당황할지도 모른다.

하지만 엑셀에서는 RAND( )을 셀에 입력하여 드래그하면 0과 1 사이의 난수를 무작위로 쉽게 만들 수 있다. 수많은 난수를 미리 정해진 알고리즘에 따라 생성하므로 걱정할 필요가 없는 것이다.

그렇다면 우리는 왜 난수를 연구하는 것일까? 우리 삶에 난수는 어떤 영향을 주었을까?

현대사회에서 난수가 가장 각광받는 분야는 보안을 필요로 하는 곳이다. 인터넷 뱅킹에서 인증번호를 부여받을 때 난수는 중요한 역할을 한다. 보안이 중요한 곳일수록 그리고 디지털 서명을 해야 하는 등의 분야에서도 많이 이용한

4차 산업혁명 시대에는 난수의 역할이 더더욱 커질 것이다.

다. 우리가 사용하는 비밀번호도 난수의 성질을 이용한다면 보안이 강화된다. 즉석 복권의 당첨확률과 당첨자의 수를 제한할 때도 난수가 필요하다. 4차 산업혁명 사회에서 난수의 중요성은 갈수록 커질 것이며 그러한 예로 블록체인, 암호화 작업을 상상하면 된다.

난수는 복권의 당첨 확률이나 통장의 비밀번호 보호에도 사용되지만 4차 산업혁명 시대가 시작된 지금 더 많은 분야에서 정교한 보안을 필요로 하면서 그 중요성이 커져 가고 있다.

10 도형의 닮음

: 크기는 달라도 본질은 변하지 않는 이유

두 도형이 있을 때 하나의 도형에 닮음의 상으로 다른 도형을 그릴 수 있다면 그 두 도형은 서로 닮음이다. 아래 그림처럼 □ABCD와 □EFGH는 서로 닮음이다. 변의 길이도 서로 비례의 관계를 가지며, 그 비례관계에 따라 넓이가 다른 두 사각형이지만 닮음비가 성립한다.

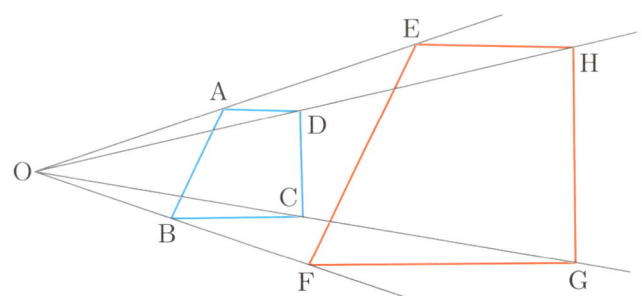

피라미드는 닮음을 이용해서 건설한 대표적인 건축물이다.

도형의 닮음은 고대 시대부터 사용한 분야이다. 반지름이 다른 두 바퀴를 보더라도 두 바퀴는 서로 닮았다는 것을 알 수 있다. 고대 이집트의 피라미드를 지을 때에도 닮음을 이용했다. 사진 속 피라미드 모양을 보아도 크기는 다르지만 닮음이라는 것을 알 수 있다. 재미있는 것은 피라미드의 모양의 서로 닮음이 시대에 따라 차이가 있어서 제작시기를 유추할 수 있다는 것이다.

1679년 라이프니츠가 닮음의 기호로 ∽를 쓰기 시작했는데 이는 도형 간의 닮음을 나타내 여전히 수학 기호로 사용한다.

우리나라 지도를 실제 크기와 똑같이 그린다는 것은 불가능할 것이다. 오른

쪽 지도는 축척을 이용하여 실제 우리나라 국토의 크기를 축소하여 지도로 작게 나타낸 것으로, 이 역시 도형의 닮음을 이용한 것이다.

카메라 렌즈와 실제 사물의 상을 이루는 것도 닮음을 이용한 것이다.

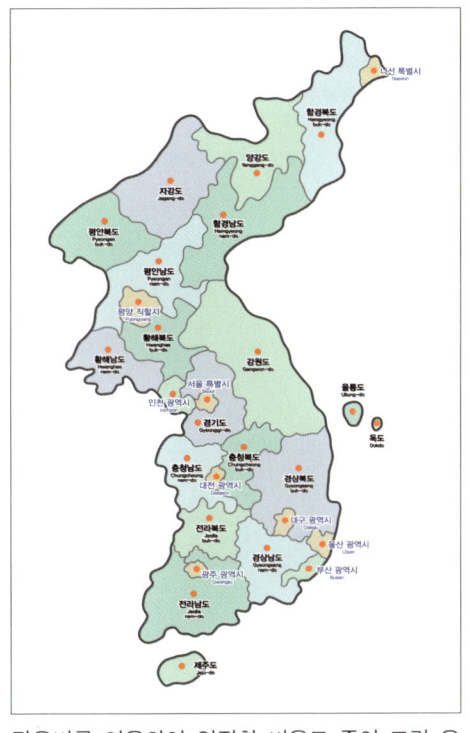

닮음비를 이용하여 일정한 비율로 줄여 그린 우리나라 지도.

11 프랙탈

: 부분 속에 전체가 들어 있는 기묘한 패턴

폴란드 출신의 프랑스 수학자 망델브로[Benoît B. Mandelbrot, 1924~2010]는 1975년 프랙탈이라는 용어를 처음 만들고, 이 이론을 정립했다. 프랙탈은 자기 닮음의 무한한 반복으로, 불규칙한 형태와 그것이 계속 생성되는 과정에서 질서를 발견하기 위한 탐구이다. 또한 미학적 가치가 중요해진 건축학에서도 관심이 커져가고 있다.

부분이 전체를 닮은 자기 유사성인 프랙탈 연구에는 시에르핀스키[Wacław Franciszek Sierpiński, 1882~1969]와 코흐[Helge Von.Koch, 1870~1924]도 업적을 남겼다. 오른쪽 이미지는 시에르핀스키 삼각형을 나타낸 것이다.

시에르핀스키 삼각형은 1단계부터 6단계까지는 삼각형의 각 변의 중심을 정한 후, 선분으로 잇고 가운데 삼각형 부분은 흰색으로 칠한다. 흰색 삼각형 부

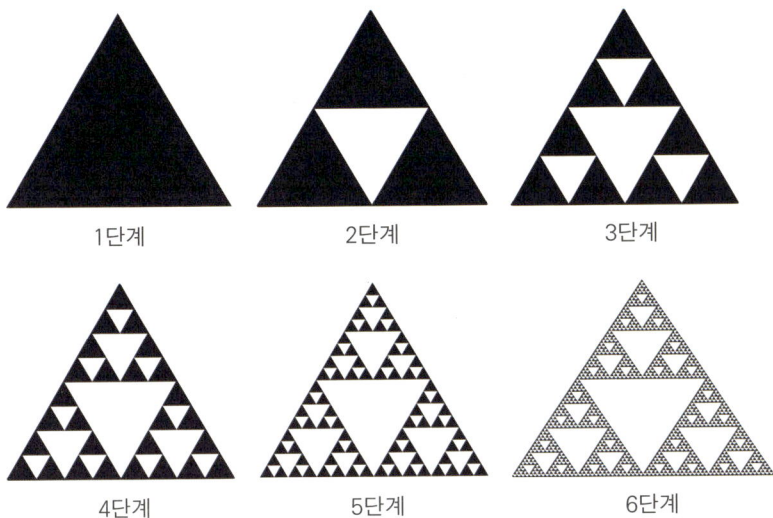

| 1단계 | 2단계 | 3단계 |

| 4단계 | 5단계 | 6단계 |

분은 그대로 두고, 나머지 검은 삼각
형 3개의 부분에 방금 실행한 것을
다시 재실행한다. 이를 연속해서 계속
검은 삼각형 부분에 실행하면, 도형은
점점 구멍이 뚫린 형태를 띨 것이다.
이를 무한히 반복하면 프랙탈의 넓이
는 신기하게도 0에 가까워진다. 이런
프랙탈 중에는 코흐 눈송이도 있다.

6단계를 거친 뒤 컴퓨터 그래픽으로 구현한 모습.

수학에서는 파스칼의 삼각형을 나타낼 때나 극한을 예로 들 때 프랙탈을 사
용하기도 하며, 무한대에서도 프랙탈은 자주 등장한다.

자연 현상에서도 프랙탈의 예는 찾아볼 수 있다. 나뭇가지, 브로콜리, 눈의
결정, 은하계, 세포, 고사리가 이에 속한다.

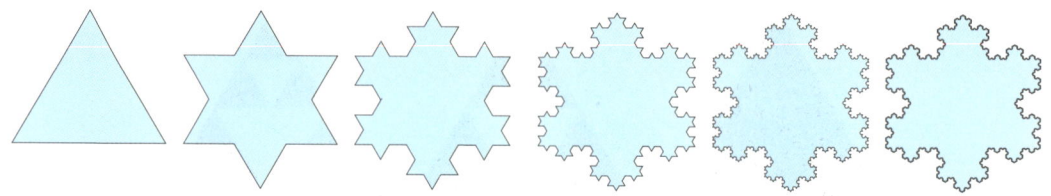

코흐 눈송이.

　프랙탈이 우리 삶에서 활용된 분야로는 화학 공업, 컴퓨터 그래픽, 주식시장 등이 있다.

브로콜리가 보여주는 프랙탈의 세계.

눈의 결정. 같은 형태를 가진 눈의 결정은 단 하나도 없다고 한다.

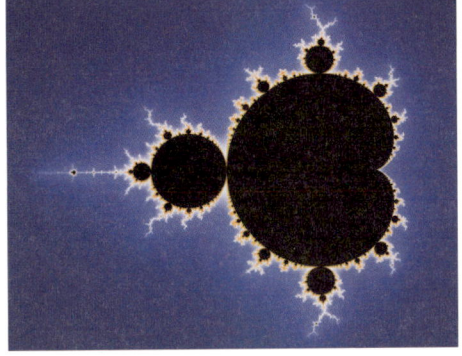

망델브로 집합 이미지.

주식 그래프.

12 위상기하학

: 모양이 변해도 바뀌지 않는 관계의 중심

조르당 곡선 정리로부터 많은 영향을 받은 위상기하학^{topology}은 연속적인 변형(늘이기, 줄이기, 구부리기)에도 변하지 않는 성질을 연구하는 수학 분야이다. 그리고 생각보다 복잡한 기하학을 다루며, 추상적인 부분도 많아 창의적이지만 난해하다는 평도 많이 듣는 분야이기도 하다.

위상기하학하면 가장 먼저 떠오르는 것은 쾨니히스베르크 다리 문제와 뫼비우스의 띠가 있다.

쾨니히스베르크 다리 문제는 7개의 다리를 한 번씩만 지나

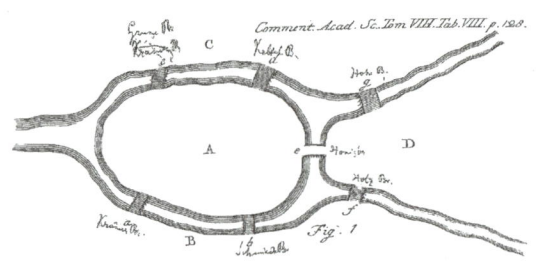

쾨니히스베르크 다리 문제. 한 번씩만 거쳐 7개의 다리를 모두 지나가야 한다.

가서 원 위치로 되돌아올 수 있는가에 대한 문제이다. 이 문제는 오일러^{Leonhard} ^{Euler, 1707~1782}가 해결한 것으로, 위상기하학에서 가장 먼저 떠오르는 화두이기도 하다.

오일러는 쾨니히스베르크 다리 문제를 통해 한붓그리기가 가능한지 분석했고 홀수 차수의 꼭짓점이 3개 이상이면 한 번에 그릴 수 없다는 것을 사실을 보였다. 결국 쾨니히스베르크 다리 문제는 한붓그리기가 불가능하다. 쾨니히스베르크 문제는 차후 연결망 구조를 가진 평면도형과 입체 도형의 한붓그리기 연구에 박차를 가한 범용적인 해결키가 되었다.

따라서 신경망 회로, 물류 시스템, 교통 계획, 건설 계획, 전염병 감염 경

물류 시스템.

로 등을 확인하는 데에도 이용한다.

뫼비우스의 띠는 종이를 직사각형으로 잘라 두 끝 중 한쪽을 180°로 꼬아서 이어 붙일 때 하나인 곡면이 만들어지는 기이한 띠이다. 뫼비우스의 띠는 예술, 음악, 건축, 문학 등에 다양하게 사용한다. 재활용 마크에도 뫼비우스 띠를 사용하고 있다.

이 외에도 위상기하학은 물리학에서 신소재 그래핀의 개발에 중요하다. 또한 미분기하학에도 적용되는 등 함수와 미적분에도 빼놓을 수 없을 정도로 매우 중요한 수학 분야이다.

색의 삼원색.

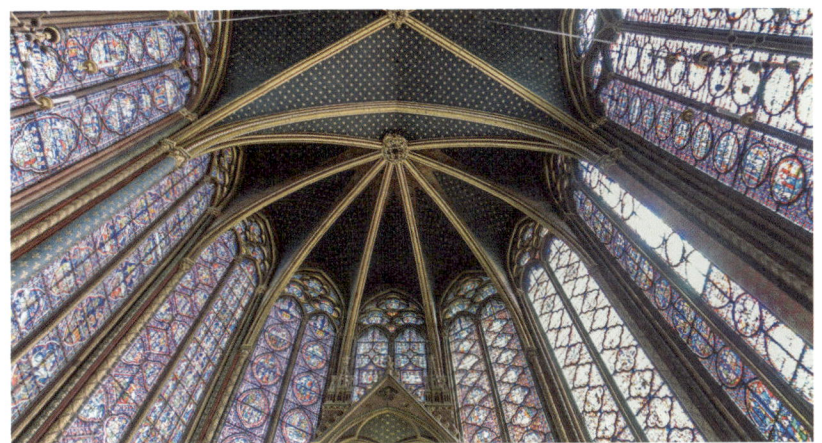

스테인드글라스.

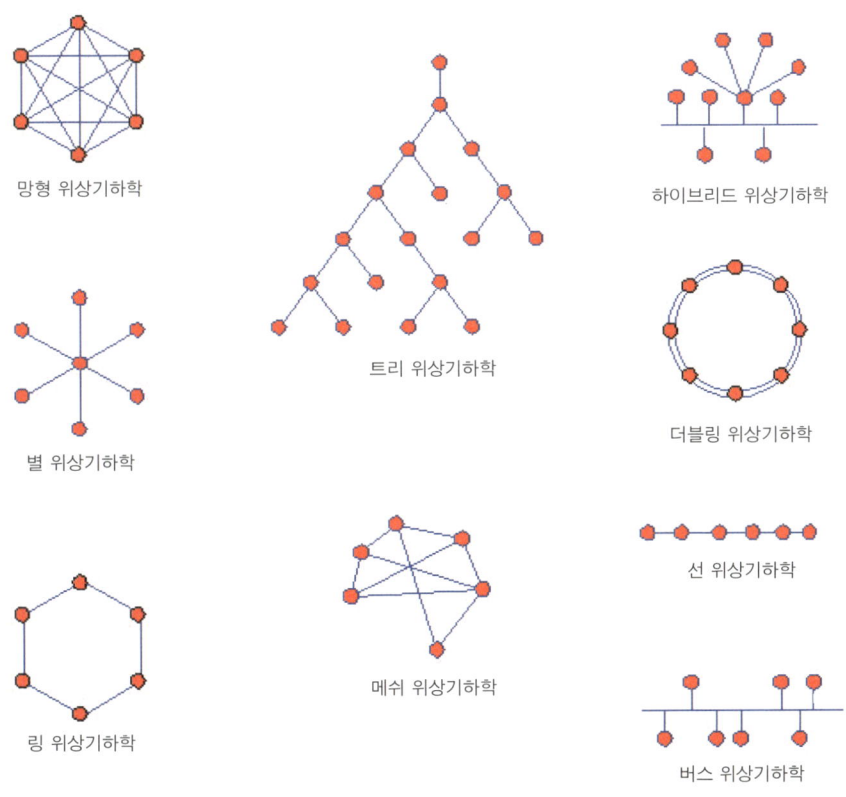

망형 위상기하학

트리 위상기하학

하이브리드 위상기하학

별 위상기하학

더블링 위상기하학

링 위상기하학

메쉬 위상기하학

선 위상기하학

버스 위상기하학

위상기하학의 다양한 형태들.

13 벤 다이어그램

: 꼬인 관계를 한눈에 정리하는 법

수학 분야 중에서 집합은 가장 기본적인 단원이면서도 깊이 들어갈수록 난이도가 높아지는 분야이다. 이러한 집합론의 이해도를 높이기 위해 그림으로 시각화한 것이 바로 벤 다이어그램이다.

영국의 논리학자이자 수학자이며 도덕 철학자이기도 한 존 벤$^{John Venn, 1834~1923}$이 1880년 체계화한 벤 다이어그램은 집합에 대한 이해도를 높여주었을 뿐 아니라 논리학에도 많은 기여를 했다.

존 벤보다 먼저 오일러와 라이프니츠도 집합의 관계를 그림으로 나타냈지만 존 벤의 벤 다이어그램처럼 시각적으로 이해도를 높이고 정확하게

존 벤.

나타내주는 것은 아니었다. 덕분에 일반인들도 집합과 논리를 쉽게 이해할 수 있게 된 것도 벤 다이어그램의 의의 중 하나일 것이다.

벤 다이어그램은 그리는 원의 개수가 많을 때에는 너무 복잡하게 그려져서 장점을 발휘할 수 없지만 집합론에서 원소와 집합과의 관계를 일목요연하게 보여주는 대상으로 벤 다이어그램만한 것은 없다. 벤 다이어그램은 원 모양 외에도 삼각형, 사각형, 타원, 별 모양 등으로 나타내기도 한다.

벤 다이어그램은 불 대수학과 집합론, 퍼지 이론 등을 표현하는데 많은 영향을 주었다.

일상에서는 스테인드글라스와 빨강, 초록, 파랑의 삼원색에서 볼 수 있다. 그리고 란트슈타이너의 혈액형 분류에 관련된 벤 다이어그램도 유명하다. 그림에서 A^+는 Rh^+ A형을, B^-형은 Rh^- B형을 가리킨다.

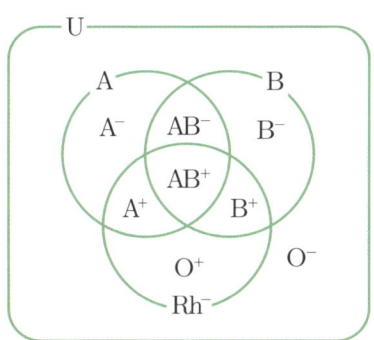

혈액형에 관한 벤 다이어그램.

14 카오스 이론

: 작은 나비의 날갯짓이 폭풍이 되는 논리

질서를 가진 무질서에서 규칙을 찾아내어 분석하는 연구 분야가 있다. 바로 카오스 이론이다.

카오스 이론은 19세기 말 수학자 앙리 푸앵카레[Henri Poincare, 1854~1912]가 초기 조건의 미세한 변화에 매우 민감한 시스템을 연구하면서 시작되었다.

1920년대에 와서는 물리학에 큰 영향을 주기 시작했으며 경제, 금융, 의학, 생물학, 수학, 물리학, 기상학, 컴퓨터 네트워크, 유체 역학 등 다양한 분야에 폭넓게 적용하기 시작했다.

한편 미세한 변화나 요인이 큰 혼란을 초래한다는 수학이론이 있다. 바로 나비 효과이다. 1963년

앙리 푸앵카레.

기상학자 로렌츠는 나비 한 마리가 어딘가에서 날개를 퍼덕이면 수천 킬로미터 떨어진 곳에서 허리케인을 일으킬 수 있다는 초기 조건의 민감성을 발표했다. 이것이 훗날 '나비효과'로 불리게 되었다.

아이콘화 한 날씨.

카오스 이론은 당시 물질계를 지배하고 있던 결정론적 관점을 깨트리고 날씨부터 간단한 수차까지 수많은 시스템의 행동이 결코 정밀하게 예측될 수 없음을 증명했다. 따라서 아무리 혼돈 시스템의 위상공간을 정밀하게 조사해도 동일한 수준의 복잡성과 비예측성을 나타내, 이를 모형화한 후 위상공간 그래프에 그 결과들을 점으로 나타내자 오른쪽과 같은 특유의 이중나선 모양이 나타났다. 이는 나비의 날개와 비슷했으며 로렌츠의 끌게로 불리게 되었다.

나비 효과는 현재 기후 변화 연구에 활용되고 있으며 문화전반에 걸쳐 영향을 미치고 있다.

로렌츠 끌개.

나비의 날개짓 한 번에 ······

어딘가에서는 허리케인이 일어날 수도 있다.

15 큰 수의 법칙

: 우연이 반복되면 결국 운명이 된다

스위스의 수학자 야곱 베르누이[Jakob Bernoulli, 1655~1705]가 사후 발표한 유명한 법칙이 있다. 경험적 확률을 강조한 큰 수의 법칙인데, 어떤 사건이나 시행을 여러 번 반복할 때 결과적 비율이 이론적 확률에 가까워진다는 법칙이다.

예를 들어 주사위는 눈이 6개 있다. 이것은 여러분이 당연히 알 것이다. 1, 2, 3, 4, 5, 6의 6개의 면이 있는 주사위에서 1의 눈이든, 2의 눈이든, …, 6의 눈이든 나올 확률은 $\frac{1}{6}$이다. 동전도 앞면과 뒷면이 있기 때문에 앞면이냐 뒷면이냐는 항상 확률이 $\frac{1}{2}$이다. 시

주사위.

행횟수가 늘어날수록 실제 결과는 이론적 확률에 가까워진다. 그리고 시행횟수가 많아질수록 특정 확률에 가까워진다. 이러한 이론적으로 보이는 확률이 시행 횟수가 많아지더라도 특정 확률과 거의 일치한다고 보는 것이다. 즉 전체 모집단의 평균과 표본의 평균은 큰 차이가 없게 된다.

동전.

　큰 수의 법칙은 보험사에서 손실에 관한 대비, 야구의 타율, 예방접종에 대한 기대치, 인간과 동물의 평균수명에 관한 것을 연구할 때 사용한다.

　현대 사회에서 비용과 시간을 절약하고 큰 효과를 보기 위해 이용하는 법칙 중 하나로 전 세계가 서로에게 영향을 미치는 미래에는 활용도가 더 높아질 것이다.

보험.

16 정규분포곡선

: 세상 모든 평범함이 모이는 마법의 곡선

통계학에서 가장 이상적으로 설명하기 위해 자주 등장하는 그래프가 있다. 종 모양의 정규분포곡선이다. 좌우대칭형의 정규분포곡선은 평균을 중심으로 좌우 대칭이며, 데이터의 퍼짐 정도에 따라 관측치들이 평균 주변에 어떤 빈도로 모여 있는지 그림으로 보여준다. 그래서 통계학에서는 벤다이어그램만큼 중요성을 인정하고 있는 그래프이기도 하다. 고대 이집트나 그리스 또는 인도가 정규 분포 곡선에 관한 것을 더 먼저 알았다면 수학은 지금보다 한 단계 앞서 있을지도 모른다는 예상까지 하는 수학자들도 많다.

키와 몸무게, 나이 등 간단히 조사할 수 있는 것으로도 수식을 적용하여 정규분포곡선을 만들어 볼 수 있는 장점이 있다. 그리고 통계학에서는 종 모양의 분포인 정규분포곡선 외에도 다양한 분포곡선이 있는데, 그중에서도 모양만으로 한눈에 이상적으로 설명이 되는 것이 정규분포곡선이다.

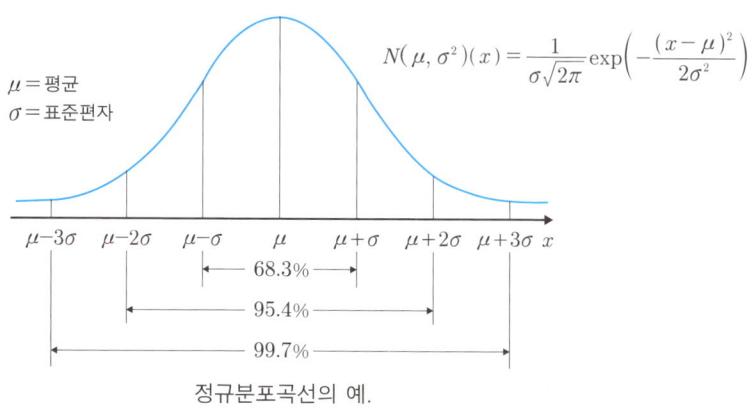

$$N(\mu, \sigma^2)(x) = \frac{1}{\sigma\sqrt{2\pi}} \exp\left(-\frac{(x-\mu)^2}{2\sigma^2}\right)$$

μ = 평균
σ = 표준편차

정규분포곡선의 예.

가우스.

정규분포곡선은 프랑스 출신의 영국 수학자 드 무아브르[Abraham de Moivre 1667~1754]가 발견한 후 프랑스의 수학자이자 천문학자인 라플라스[Pierre Simon Laplace1749~1827]와 수학자 가우스가 발전시켰다. 가우스는 확률론의 연구를 하다가 정규분포곡선의 중요성을 확립했다. 이 때문에 정규분포곡선은 가우스 분포곡선으로도 알려져 있다.

지능검사 분석, 아동진학률, 인구이동, 도시의 교통체증, 강우량, 일조량, 환경오염 실험, 기업의 임금분포, 제품의 불량률에 대한 관리 등을 분석하는 데 이용하며 관측치가 계속 나온다면 정규분포는 얼마든지 활용할 수 있으며 분석이 가능하다.

도시의 교통체증은 시간과 물자를 낭비하게 만든다. 따라서 이를 해결하기 위한 연구가 진행되고 있다.

아동진학률.

교통체증.

강우량.

제품불량률.

환경오염 실험.

17 골드바흐의 추측

: 짝수 안에 숨겨진 소수들의 비밀 조합

프러시아의 수학자 골드바흐^{Christian Goldbach, 1690~1764}는 정수론 연구에 평생을 몰두한 수학자이다. 그가 연구한 정수론 중 소수에 관한 연구는 특히 유명하다. 그중에서도 골드바흐가 오일러에게 보낸 편지에 적은 추측은 유명하다.

'2보다 큰 모든 짝수는 두 소수의 합으로 나타낼 수 있다'

이 가설에 대한 증명은 300여 년 동안 많은 수학자들이 도전했지만 실패하면서 소수와 관련된 가장 유명한 미해결 문제로 남아 있다.

$4 = 2 + 2$, $6 = 3 + 3$, $8 = 3 + 5$, … 등 2보다 큰 짝수는 두 소수의 합으로 이루

어진 것처럼 보인다. 그러나 이에 대한 증명은 해결되지 않았다. 수학에서는 부분적 성립보다는 일반적인 증명이 중요했기 때문이다. 결국 수학의 귀재로 불리던 오일러도 증명하지 못했다.

골드바흐의 추측은 강한 골드바흐의 추측으로도 불리며 이외에 약한 골드바흐의 추측도 있다.

골드바흐가 골드바흐의 추측을 적어 오일러에게 보낸 편지.

5보다 큰 모든 홀수는 3개의 소수의 합으로 나타낼 수 있다.

예를 들어 7＝2＋2＋3, 11＝2＋2＋7을 보일 수 있는데, 이것이 정말 5보다 큰 모든 홀수에 대해 증명이 가능한지에 대한 문제이다. 이 문제는 1923년과 1937년에 부분적으로 증명되고, 2013년 하랄드 헬프고트[Harald Helfgott 1977~]가 결국 증명해냈다. 이제 강한 골드바흐의 추측만 남은 것이다.

만약 강한 골드바흐의 추측을 증명한다면 이것은 추측이 아니라 이론 또는 정리, 법칙이 될 것이다.

골드바흐의 추측은 소수*의 성질 연구와 리만 가설 등 정수론의 여러 문제들

소수: 여기서 소수는 1과 자신만으로 나누어지는 1보다 큰 자연수를 말한다.

과 깊은 관련이 있다. 리만 가설은 소수의 분포를 이해하는 데 중요한 가설로, 이러한 정수론 난제들을 연구하는 과정에서 함께 자주 언급된다.

현재 소수의 성질은 아직도 명확히 규명되거나 규칙을 발견하지 못한 점이 있다는 것에서 연구가 진행 중이며 수학자들은 골드바흐의 추측으로 소수의 성질이 한 꺼풀 풀어지길 기대하고 있다.

아직 미해결 난제인 골드바흐의 추측에 관한 가설이 증명된다면 수학 분야는 또 한 번 성큼 발전을 이룰 것으로 예상한다.

18 행렬

: 숫자의 줄 세우기가 디지털 세상을 만든다

1850년에 유대인 출신 영국의 수학자 실베스터[James Joseph Sylvester, 1814~1897]는 성분을 한데 모은 묶음끼리 서로 더하거나 곱하는 등의 연산 규칙을 가진 행렬이라는 용어를 도입했다. 이전에도 행렬과 비슷한 수학적 표현이 있었지만 이를 정형화해 연구를 발전시킨 수학자 중 한 명이 실베스터이다. 하지만 중국의 구장산술에 소개된 연립방정식 풀이법이 행렬의 기원이라 생각하는 수학자들도 있다.

라이프니츠도 행렬을 도입한 바 있지만 그 당시에는 행렬이 아닌 행렬식 중심의 연구였다.

실베스터의 행렬 개발은 체계적이며 수월한 계산을 가능하게 했다. 또한 방정식의 풀이에도 적용하여 매우 중요한 분야가 되었다. 지금의 행렬 표기 형식을 따르게 된 것도 이때부터이다.

5년 후에는 수학자 케일리^{Arthur Cayley, 1821~1895}가 행렬의 대수적 성질에 대해 논리정연하게 정리하여 행렬은 하나의 수학 분야로 자리잡았다.

행렬은 양자 역학, 벡터, 방정식, 전기 회로 설계 및 관리, 게임 이론, 비디오 게임의 개발, 의료 영상 기기 등 많은 분야에 필수적인 수학 분야이다. 그리고 은행의 대기 시간이나 업무 시간의 설계 또는 지하철 노선도, 공장 또는 대형 할인 매장의 최적 입지 선정에도 광범위하게 사용한다. 생물학의 염기서열분석도 행렬이 이루어낸 성과이다.

의료영상기기.

대형할인매장.

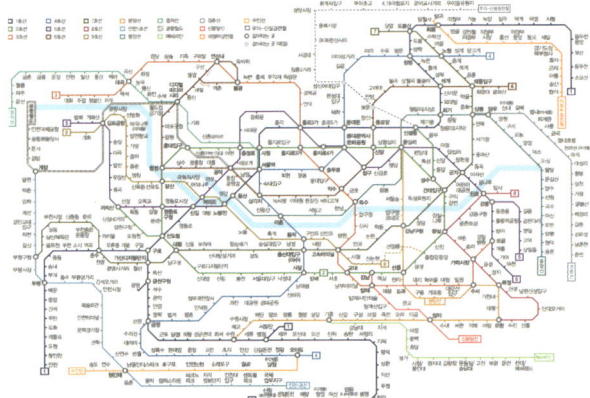
지하철 노선도.

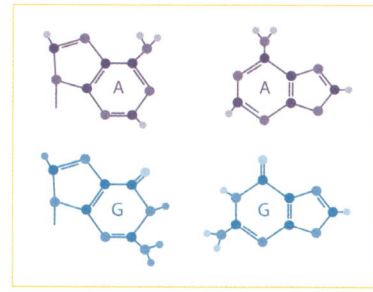

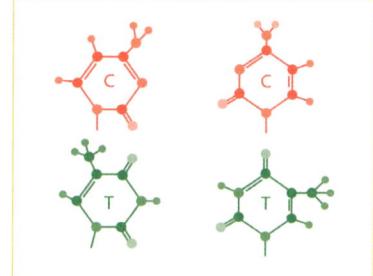

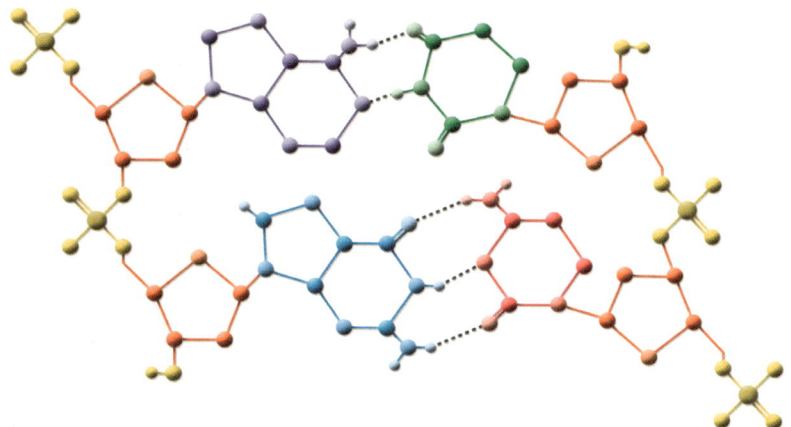

생물학의 염기서열.

19 불 대수

: 예와 아니오, 0과 1로 세운 논리의 성벽

불 대수는 수학자 불$^{George Boole, 1815~1864}$이 창안한 논리수학으로 0과 1을 기본으로 만들어진 것이다. 신호가 통하면 1, 신호가 통하지 않으면 0으로 나타내며, 참과 거짓인 명제를 각각 1과 0으로 나타내기도 한다. 그리고 ^{AND}, 또는^{OR}, ~이 아닌^{NOT}의 세 가지 기본 연산도 이용하여 나타내는데, 진리표로도 나타낼 수 있다. 한마디로 논리의 참, 거짓에는 불 대수가 필요한 것이다.

컴퓨터 언어는 0과 1로 이루어져 있다.

불 대수는 벤 다이어그램과 연관이 깊으며 통신과 전기의 발달을 가능하게 했다. 또한 이를 통해 컴퓨터의 연산 회로 내에서 논리 게이트, 전기 회로학, 확률론, 정보이론, 집합론, 전화 교환기 최적화시스템 설계, 컴퓨터의 최적화 설계 등 디지털 산업에도 적용하게 되는 중대한 논리학으로 인정받는다.

컴퓨터 최적화 설계와 정보 확률론에 이용하는 불 대수 이론은 디지털 산업이 고도화되면서 그 활용도가 더 높아지고 있다.

20 디오판토스의 산술

: 정수들끼리만 주고받는 은밀한 대화

대수학의 아버지로 칭송 받는 수학자 디오판토스[Diophantos, 246?-330?]는 그리스 수학 최초로 자신만의 수학 기호를 도입한 것으로도 유명하다.

수학의 기호는 만국의 공통어이며 증명에 중요한 도구이기 때문에 중요한 업적이다. 이를 아랍에서 보전하고 발전시켰다고 한다.

또한 16세기에 라틴어로 번역되어 유럽인들에게 많은 영향을 준 디오판토스의 《산술(전13권)》에는, 정수와 관련된 문제,부정방정식의 해법을 자세히 소개했다. 이 저서는 역사적 가치를 지니고 있

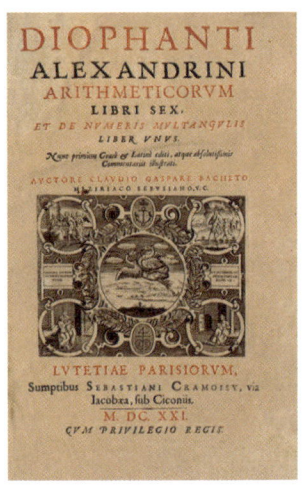

디오판토스의 《산술》.

수학 기호가 발명되면서 수학은 비약적으로 발전했고 이는 다시 과학에 큰 영향을 주었다.

을 뿐만 아니라 대수학에도 많은 영향을 주었다.

한편 알 콰리즈미는 인도−아라비아 숫자와 대수 개념들이 유럽 수학에 들어오는데 공헌했으며, 알고리즘과 대수학이라는 용어도 그의 이름에서 따온 것이다. 디오판토스의 《산술》은 이후 아랍 수학에도 영향을 주었으며 이것은 다시유럽에 전파되어 유럽 수학의 발전을
불러왔다.

페르마도 디오판토스의 《산술》에
크게 영향을 받은 수학자이다. 1670
년 페르마가 책 여백에 메모로 남긴
정리를 아들이 출판했다. 그리고 이

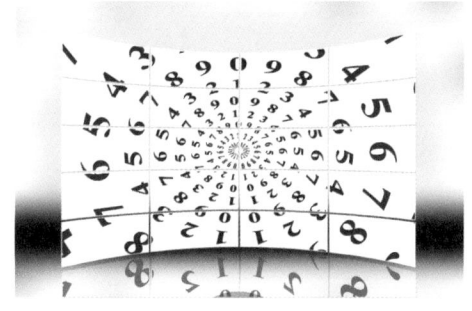

인도−아라비아 숫자.

문제는 수많은 수학자들을 좌절시킨 난제로 남다가 300여 년이 흐른 뒤에야 앤드루 와일즈에 의해 증명되었다.

페르마.

페르마의 마지막 정리가 증명되는 과정에서 확인할 수 있듯이 수학적 발견들은 수많은 다른 수학자들의 업적과 만나 수학의 발전을 이루면서 세상을 변화시켜오고 있다.

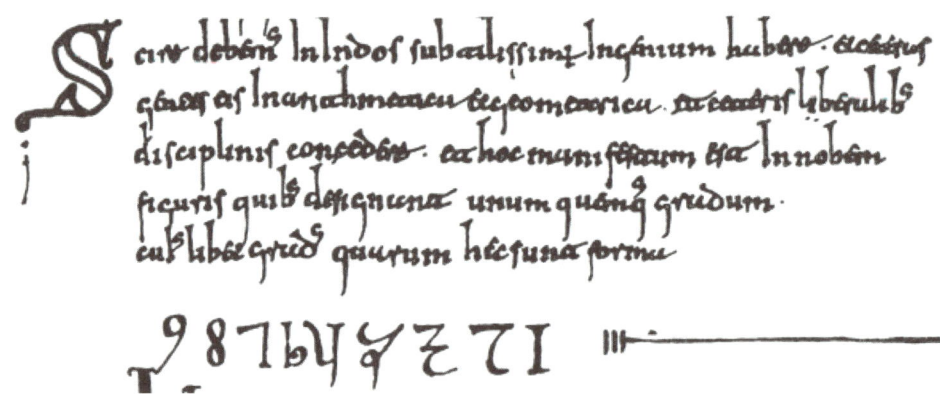

웨스턴 민스트 사원의 976년 기록물에서 나온 아라비아 숫자.

좌표평면

: 나의 위치를 디지털 세상에 각인시키는 법

여러분은 종이 위에 어떤 점의 위치를 표시할 때 기준이 없다면 당황할지 모른다. 수학에서 점의 위치를 기준점인 원점 O로 정하고 그 기준점을 토대로 4개의 사분면으로 나누어 정확한 좌표를 만든 수학자는 데카르트이다. 그 이전에는 점의 위치를 수식으로 나타내기란 어려웠다.

뉴턴의 중력법칙에 관한 에피소드에 나무에서 떨어지는 사과(이건 정확한 사실은 아니라고 한다)가 나오듯이 데카르트도 천장에 붙어 있는 파리가 이리저리 움직이는 것에서 정확한 위치를 점으로 정할 수 있는 방법을 떠올렸다고 한다. 그는 이를 통해 가로축과 세로축의 필요성에 대해서도 생각해본 것이다. 그래서 좌표평면은 데카르트 좌표계라고도 불린다.

하지만 사실 3000여 년의 역사를 가지고 있는 중국의 바둑판에서 좌표평면의 원형을 엿볼 수도 있다.

바둑판.

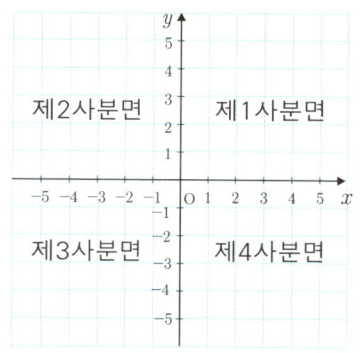

제2사분면 | 제1사분면
제3사분면 | 제4사분면

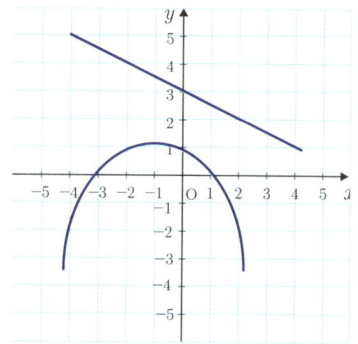

좌표평면을 이용하여 점, 함수의 그래프를 정확하게 나타낼 수 있다.

좌표평면의 발견은 함수의 그래프, 미적분의 발달에 많은 기여를 했으며 공간좌표는 제작물에 대한 3D 시뮬레이션, 지구의 위도, 경도 등을 정교하게 나타내야 하는 분야에서 사용한다.

좌표평면은 비용과 시간을 절약하기 위해 사용하게 된 수많은 시뮬

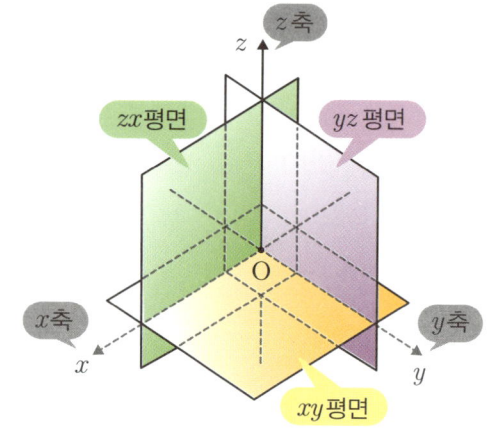

좌표평면을 공간좌표로 확대하면 어떻게 될까? 더 복잡해진 모습을 볼 수 있다.

레이션 상황들에서도 필요한 수학의 발견 중 하나로, 오랜 과거의 학문으로 끝나는 수학이 아니라 과학의 시대에 더 정교하고 다양하게 사용되고 있음을 보여준다.

선박, 비행기와 같은 항해, 인공위성부터 현대 사회의 필수품인 핸드폰, 무전기 등등 지도의 위도와 경도를 정밀하게 알고 활용하는 분야는 수없이 많다.

22 테셀레이션

: 빈틈없는 세상을 만드는 수학적 퍼즐

평면이나 공간을 빈틈없이 완전히 메우는 것을 테셀레이션이라 한다. 어원은 라틴어 'tessella'이며, 고대 로마의 모자이크의 작은 사각형 또는 돌로 구성된 것으로부터 시작되었다. 우리말로는 쪽매맞춤이다.

테셀레이션은 한 가지 모양으로 구성할 수 있으며, 두 가지 이상의 모양으로도 메울 수 있다. 정삼각형과 정사각형, 정육각형은 한 가지만으로도 빈틈없이 완벽하게 평면을 메울 수 있는 것으로 알려져 있다. 테셀레이션은 예술적인 미와 수학적 원리가 복합된 분야이다. 특히 수학에서는 합동과 이웃각의 크기, 대칭과 변환에 관한 개념과 원리가 숨겨져 있으므로 많은 수학자들의 기하학에 대한 관심도를 높였다.

뿐만 아니라 전 세계의 교육과정에는 테셀레이션을 이용한 학생들의 창의력

증진 교육도 있다.

네덜란드의 판화가 에셔^{Maurits Cornelius}^{Escher, 1898~1972}는 테셀레이션을 표현한 예술가로 유명하다. 그는 착시 현상을 이용한 테셀레이션부터 새, 물고기, 도마뱀을 포함한 여러 동물 문양으로 구성된 테셀레이션에 이르기까지 수학적 원리와 예술적 극치미를 보여준

에셔의 작품을 응용한 테셀레이션 벽지.

것으로 유명하다. 또한 아라베스크 문양 배치의 조화를 보여주는 작품 등도 단순한 기하학적 문양을 수학적 배열로 현란하게 보여준 작품들이다.

수학에서는 평행이동, 회전이동, 대칭이동에 관한 연구에 테셀레이션을 활용하며, 실생활에서도 타일, 보도블록, 벽, 손지갑 등에서 찾아볼 수 있다. 그리고 지금도 테셀레이션은 모든 예술가, 건축가, 수학자, 디자이너들에게 그들의 목적에 맞는 예술적 가치와 실용화, 수학적 법칙으로 이용된다.

바닥, 벽지, 벽 등 실생활에서도 테셀레이션은 얼마든지 찾아볼 수 있다.

건축물과 벽에서도 발견할 수 있는 테셀레이션.

23 타원

: 행성의 궤도부터 건축의 미학까지

두 정점의 거리의 합이 일정한 길이를 그리는 자취를 타원이라 한다. 타원은 두 정점에 의해 그려진다. 어느 한 쪽 거리가 길어지면 다른 쪽 거리는 짧아지는 것이다. 원은 두 개의 정점이 하나로 합쳐져 일정한 거리를 그리는 자취이다. 따라서 원은 타원의 특수한 형태이자 부분집합이 된다. 타원은 기원전 200년경 아폴로니우스의 연구로 알려지게 되었다. 기하학의 연구가 시작된 것이다.

타원은 원뿔을 비스듬히 잘라서 생기는 단면이기도 하다. 그리고 타원의 두

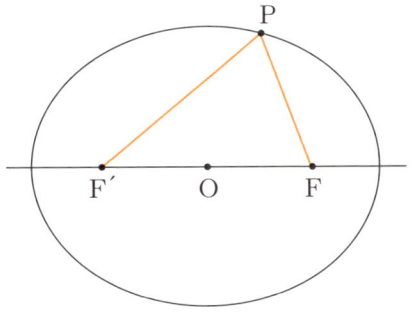

작도한 타원.

초점이 하나로 일치하게 되면 원이 완성된다. 따라서 원은 타원의 부분집합이면서 특수한 형태로 볼 수 있다.

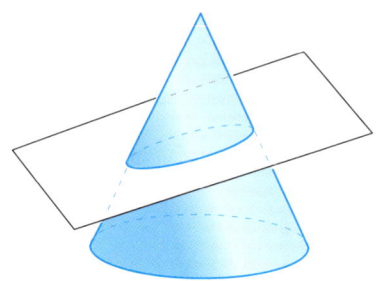

타원은 기하학과 방정식으로도 많이 사용한다. 이 외에도 행성은 태양을 하나의 초점으로 타원 궤도를 이룬다는 케플러의 법칙에서도 사용했으며 타원 함수는 페르마의 마지막 정리의 증명과정에도 등장한다.

광학, 신장 쇄석기, 건축물 설계 등 우리 삶에도 타원 방정식은 영향을 미치고 있다.

케플러의 타원 궤도.

로마 성당 등 건축물에서도 타원의 영향력을 찾아볼 수 있다.

24 나비에-스토크스 방정식

: 유체의 흐름을 계산하는 물리·수학 모델

오일러의 방정식을 확장한 나비에 스토크스 방정식은 일, 이차방정식만큼이나 일반인들이 흔히 들어 본 적은 없는 방정식일 것이다. 뉴턴의 제2법칙인 $F=ma$를 유체의 흐름에 적용해 나타낸 방정식이다.

생소하게 느껴지는 비선형 편미분 방정식은 일반적인 상황에서 정확한 해를 구하지 못한 어려운 방정식이기도 하다. 그래서 정확한 해보다는 근삿값에 만족해야 하는 방정식으로 연구의 목적도 해를 구하는 것보다 쓰임새에 대해 관심을 가지고 있다.

$$\rho\left(\frac{\partial v}{\partial t} + \dot{v} \cdot \nabla_v\right) = -\nabla_p + \nabla \cdot T + f$$

나비에 스토크스 방정식은 유체역학에서도 필수적인 방정식으로 활용하지만 사실 유체의 흐름을 정확히 파악하는 데에는 어려움이 많다. 하지만 유체와 공기의 흐름을 기술한 방정식이므로 물

물방울 특수효과.

방울의 정교함이나 파도 연출, 정교한 특수장면의 구현 등 영화의 특수촬영에서 두각을 드러내는 방정식이다. 겨울왕국이나 모아나, 캐리비안의 해적은 나비에 스토크스 방정식의 효과를 잘 활용한 영화의 예이다.

또한 나비에 스토크스 방정식은 전 세계를 하나로 묶는데 공헌한 비행기의 안전한 운항이 가능하도록 해준 수학적 발견 중 하나로, 이처럼 수학은 어떻게 활용하느냐에 따라 세상을 변화시키는 도구가 된다.

해일이 도시를 덮치는 장면을 표현한 특수효과.

나비에 스토크스 방정식을 활용한 특수효과는 꿈꾸던 세계를 영화나 TV와 같은 영상으로 나타내 보여
주고 있다.

25 정수론

: 가장 순수한 숫자가 가장 강력한 암호가 된다

정수론은 수에 대한 연구서로 매우 중요한 가치가 있는 수학의 한 영역이다. 소수와 최대공약수, 최소공배수, 약수, 배수, 모듈러 연산, 나눗셈 정리, 합동법, … 등 수론의 근원적인 것에 대해 자세하게 설명하고 있으며 증명이 많아 복잡하지만 체계적으로 소개하고 있어 수에 관한 입문서로 꼽힌다. 그래서 정수론은 기하학, 대수학, 해석학과 함께 수학의 4대 분야로 불린다.

정수론을 연구한 학자들은 수없이 많으며 지금도 여전히 수많은 수학자들을 정수론의 세계로 초대하고 있다.

그중에는 유클리드, 피타고라스, 디오판토스 등 고대의 위대한 수학자들이 있으며 이들은 도형과 숫자를 연구해 수의 신비에 대해 밝혀냈다.

정수론이 수학사에서 수많은 수학자들을 매료시킨 것은 소수와 방정식의 정수해일 것이다. 특히 이 두 가지가 수학이라는 학문적 틀 안에서 수학자들에게 연구의 대상이 된 것으로 보인다. 수학의 왕자로 불린 가우스도 정수론에 매진하면서 많은 업적을 남겼다. 정수론이 한 차원 더 높은 수학적 진리의 집합체가 된 것이다. 미적분학이나 위상수학이 수학자들에게 각광받던 시기도 있었지만 수학자 오일러는 정수론이야말로 연구 가치가 있다고 주장했다.

정수론은 수학의 발전에 많은 영향을 미쳤지만 우리의 실생활에도 다양하게 응용되고 있으며 지금 같은 5G 시대를 지향하는 정보통신기술 사회에서 필수적인 학문으로 더욱 관심사가 되고 있다.

또한 정수론은 암호화의 세계에도 상당한 기여를 했으며 그중에는 정수론의 소인수분해와 나머지 연산(모듈러)에 대한 응용도 한몫하고 있다. 암호화는 금

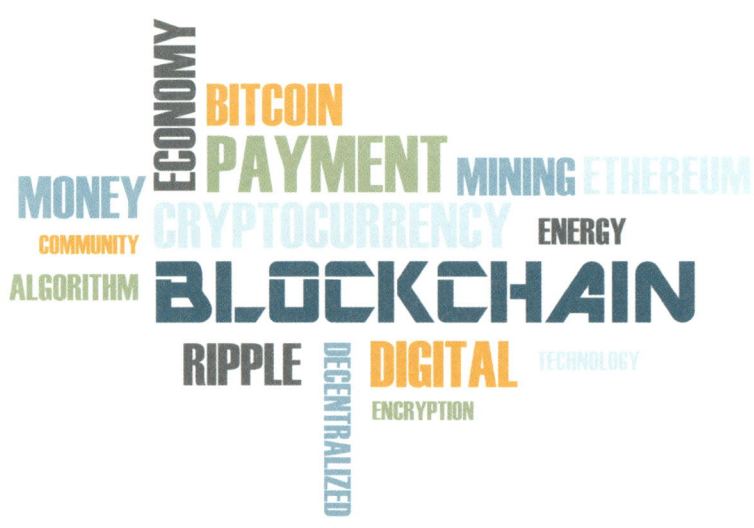

은행, 핸드폰, 개인 정보, 기업 간 거래 등 4차 산업사회에서는 대부분의 분야에서 보안의 중요성이 커지는 만큼 암호의 세계에 대한 관심도 높아질 수밖에 없다.
현대 사회에서 암호체계가 갖는 중요성은 미래사회로 가면 더 커질 것이다.

융거래에도 필요하다.

우리나라의 초·중·고 교육과정에도 정수론 중 일부를 소개하고 있으며 현대정보통신 기술 분야에서는 정수론이 중요하다.

정수론은 암호의 세계에서
많은 비중을 차지한다.

함수

: 하나를 넣으면 반드시 하나가 나오는 약속

함수는 x값에 따른 y값의 변화이다. x의 각 값에 대해 오직 하나의 y값이 대응하는 관계이다. 따라서 $y=f(x)$로 나타내며, 여기서 f는 변화를 주는 함수이다. 즉 x라는 정의역의 원소와 공역의 원소 사이의 관계를 파악하는 것이 함수이다. 함수의 가장 기본적인 것은 대응표이다.

여러분은 콩나물 또는 완두콩의 한 달 관찰일지를 과학 수업시간에 작성해 본 적이 있을 것이다. 콩나물이 하

완두콩 성장일기를 써본 적이 있을 것이다.

루에 몇 cm씩 생장하는지를 기록하는 직선 그래프를 통해 한 달치를 분석할 수 있을 것이다. 그래프의 그림이 / 모양으로 그려질 것이다. 우상향이므로 매일매일 생장하기 때문이다.

용수철에 가하는 힘도 함수의 예가 된다. 탄성 에너지도 계산이 가능한 것이다. 용수철에 관한 함수는 일차함수이며, 포물선에 관련된 함수는 이차함수가 있다. 전자파와 파동으로 확장하면 삼각함수로 더 나아갈 수 있다. 그만큼 함수는 일상생활에 필요한 과학에 많은 영향력을 선보인다.

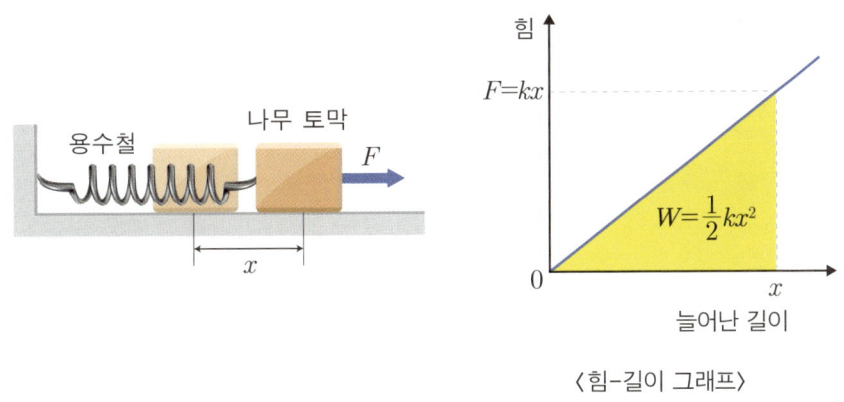

〈힘-길이 그래프〉

어떤 함수는 수식이나 공식이 없는 그래프만으로도 실험결과를 보여준다. 왜냐하면 함수가 어떤 분석을 위한 가장 쉬운 그림이기 때문이다.

건설, 생태계 분석, 인구통계 분석, 제품의 고장률 분석 등 이미 함수는 자연과학과 공학 분야에서 널리 사용되고 있다.

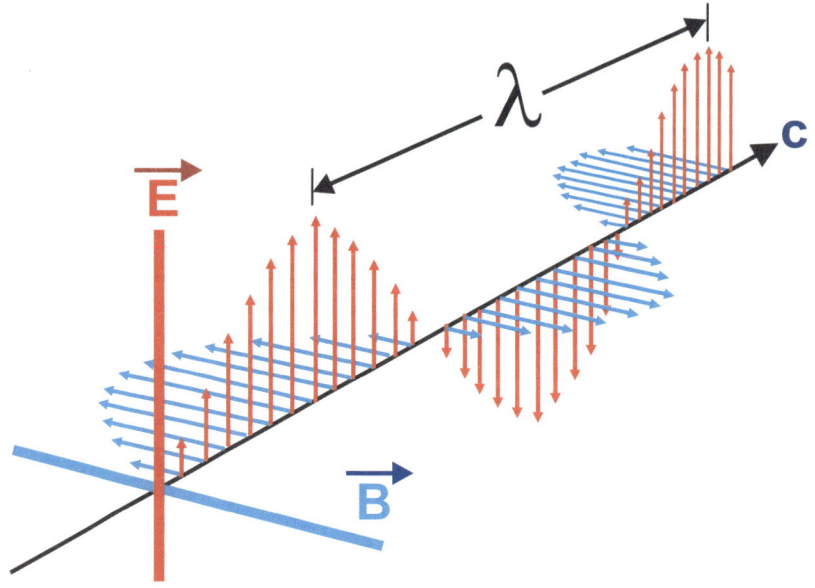

그래프만으로 실험결과를 보여줄 수 있는 것이 함수이다.

인구통계분석에도 함수가 활용된다.

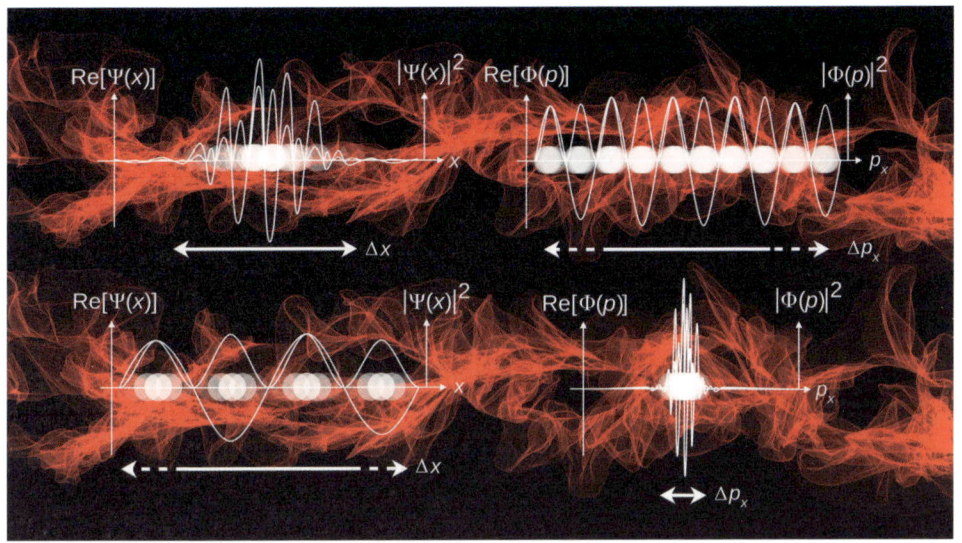

양자역학.

생태계 분석.

건설.

양자역학 등 전문과학 분야를 비롯해 생태계 분석과 같은 생물학, 건축, 제품 관리에도 함수는 이용되고 있다.

27 회귀분석

: 과거의 흔적에서 미래의 방향을 읽다

원인이 있으면 결과가 있다? 살다 보면 자주 듣게 되는 이 문장도 수학과 만나면 달라진다. 수학에는 통계적 분석 중에 원인과 결과에 대해 독립변수와 종속변수라는 용어를 덧붙여서 그 결과를 예측해보는 분석 방법이 있는데, 이것이 회귀분석이다.

단순 회귀분석은 하나의 독립변수가 하나의 종속변수에 영향을 주는지 분석하는 것으로, 광고비가 매출액에 영향을 줄까? 매연이 폐호흡질환에 직접적인 영향을 주는가? 주가 상승이 경제를 움직이게 할까? 기온의 상승이 에너지 사용량에 주는 영향 등 여러 사회 문제와 경제 문제, 보건 문제를 분석하는 데 필수적인 방법이다. 회귀분석이 등장하게 된 배경도 아버지의 키와 아들의 키의 관계에 대한 연구에서 비롯됐다.

양의 상관관계, 음의 상관관계, 아무 관계없음의 3가지 결과가 대체적으로 나오게 된다.

양의 상관관계는 '기온이 오르면(더워지면) 아이스크림의 판매량이 증가한다.'가 하나의 예가 된다. 음의 상관관계의 예로는 '일조량이 많을수록 우울증이 감소한다.', '인터넷 이용회수가 많을수록 학생들의 성적이 떨어진다'가 있다. '개인과외를 받은 학생이 성적이 많이 향상된다'라는 가설에서 실제로 회귀분석을 했더니 그렇지 못한 경우가 많은 사례로 남았다면 통계적으로는 상관관계가 없는 것이다.

주가는 경제에 영향을 미칠까?

회귀분석을 통해 살펴본 기온 상승과 매연의 관계는 어떠할까?

그리고 2개 이상의 여러 독립변수가 하나의 결과를 예측하게 하는 다중회귀분석도 있다. 자동차를 구매할 때 가격, 디자인, 안전성, 색채, 광고효과 등의 5가지 요소를 크게 독립변수로 정한다면 5가지 요소가 소비자의 구매에 커다란 영향을 주는 것이 분명 무엇인지 선택하게 하고, 그 부분에 마케팅 전략을 세우게 하는 것도 다중회귀분석을 이용한 것이다.

이러한 회귀분석은 데이터 마이닝에도 유용하게 사용되어 4차 산업에 필수적인 분석방법으로 이용한다. 어떻게 보면 가장 기본적인 것 같으면서도 응용이 많이 되는 분석방법인 것이다.

4차 산업.

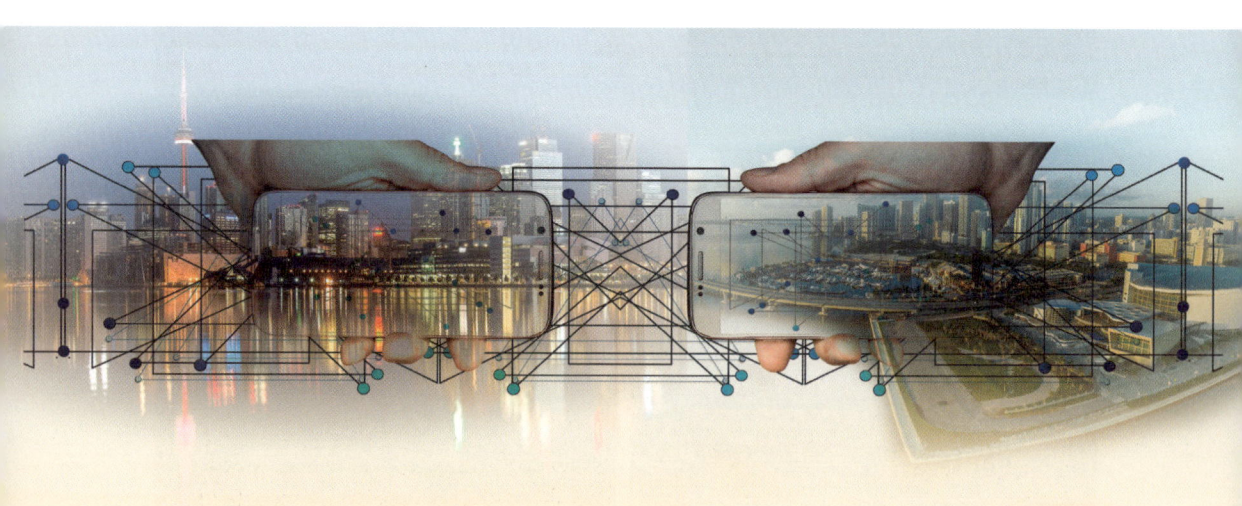

4차 산업.

28 지오데식 돔

: 최소한의 뼈대로 만드는 가장 단단한 공간

측지식 돔이라고도 불리는 지오데식 돔은 정십이면체 또는 정이십면체를 잘게 나누어서 삼각형의 격자 모양으로 이루어진 구 또는 반구를 말한다.

건축가이자 디자이너인 리처드 풀러^{Richard Buckminster Fuller, 1895~1983}가 1948년에 현대적인 형태로 만든 지오데식 돔은 지진과 태풍으로 인한 피해에서 건물을 보호하기 위해 내진설계에 대한 관심이 커지면서 안정성이 뛰어난 형태가 인정받으면서 예술과 건축물에 사용되는 빈도가 높아지고 있다. 삼각형의 모서리와 면만으로 구성된 응력 분산의 튼

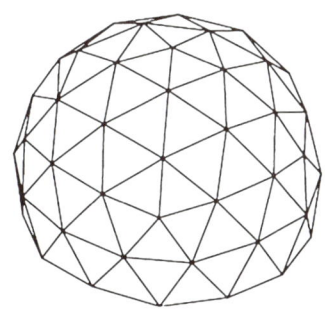

에덴 프로젝트에서 이용된 바이오돔.

지오데식 돔 형태로 지어진 바이오돔 자연과학관.

서울랜드의 지오데식 돔.

튼한 건축물로 인정받고 있기 때문이다.

바이오돔^{Biodome}이라는 주택용 건축물도 최근 관심이 높아지고 있는데 기둥이 필요 없고 재료의 수를 최소화할 수 있는 장점도 갖고 있다.

우리나라에서는 서울랜드에 가면 지오데식 돔을 발견할 수 있는데 보통 식물원 천장을 비롯하여 건축물에 많이 쓰인다.

지오데식 돔은 분자가 안정적 구조를 이루게 하며 충격에 강한 구조이기 때문에 분자나 화학, 미생물학 연구에서도 많이 이용한다. 그 이유 중에는 구면은 부피를 둘러싸는 겉넓이가 다른 구조에 비해 작기 때문에 중요한 유전물질을 보호하기에 적합하다는 연구결과가 있다. 놀랍게도 HIV 바이러스가 지오데식 돔 구조를 이루고 있는 것으로 알려져 있다.

지오데식 돔 구조의 HIV 바이러스.

지오데식 돔 건축물.

지오데식 돔을 이용해 지은 식물원 내부 모습.

29 라마누잔의 수학

: 신이 일러준 듯한 천재의 직관

인도가 낳은 20세기의 최고 수학자로 꼽히는 라마누잔은 정수론의 발전에 큰 기여를 했으며 선구적 수학자의 계보를 잇는 수학자이다. 그가 남긴 수학적 업적 중에는 택시수 1729가 있다. 택시수란 1729가 $12^3 + 1^3 = 10^3 + 9^3$으로 이루어진 것을 말한다. 연분수나 무한 수열에서도 그의 직관적인 수학적 사고력과 해결력은 눈에 띈다.

또한 모든 자연수의 합인 $1+2+3+4+5+\cdots$의 결과가 $-\dfrac{1}{12}$이 된다는 라마누잔의 합 수식도 유명하다.

이 수식은 모듈러 방정식의 특성을 보여주며, π값

라마누잔.

우주여행.

에 근사하는 무한급수의 다항식을 후에 여러 수학자들이 만들어냈다.

라마누잔은 정수론에 관한 수많은 노트 기록이 있고, 그가 선보인 증명들은 현대 수학자들이 지금도 활발하게 연구하고 있다. 그중 케임브리지 대학의 수학교수 하디$^{G.H\ Hardy,\ 1877\sim1947}$는 대표적인 라마누잔의 협력자였지만, 정작 라마누잔은 안타깝게도 34살의 나이에 요절했다.

라마누잔의 연구는 무한 수열, 베르누이 수, 모듈러 방정식, 연분수, 타원 함수, 오일러 상수, 자코비안 다항식에도 영향을 주었다. 컴퓨터 과학, 암호학, 입자물리학, 통계 역학, 우주여행에서도 찾아볼 수 있다.

최근 증명된 블랙홀의 이미지를 찾아내는 데에도 라마누잔의 수학을 적용한다. 바로 모듈러 형식$^{modular\ form}$으로 부르는, 수학에서 특정 함수 방정식과 증가 조건을 만족하는 해석함수가 그것이다.

블랙홀을 형상화한 이미지.

30 피보나치 수열

: 자연이 선택한 가장 아름다운 숫자 배열

피보나치 수열은 인도에서 이미 발견했으나 피보나치의 《산반서》에 기록되어 13세기 초에 점화식으로 체계화해 발표했다.

한 쌍의 토끼가 계속 새끼를 낳고 그 새끼들도 계속해서 새끼를 낳는다면 1년 후에는 몇 마리로 증식하는지를 계산하는 과정에서 피보나치 수열이 탄생했다. 토끼는 한 마리도 중간에 죽는 일이 없다고 가정하여 토끼의 쌍을 나열하면 다음과 같다.

한 쌍의 토끼는 2달 후부터 매달 한 쌍의 새끼를 낳고 그 새끼도 같은 기준으로 새끼들을 낳는다면 1년 후에는 모두 몇 쌍이 될까?

$$1, 1, 2, 3, 5, 8, 13, 21, 34, 55, 89, 144, 233, 377\cdots$$

토끼는 앞의 수열대로 계속 증식하게 된다. 또한 둘째 항과 셋째 항, 셋째 항과 넷째 항, 넷째 항과 다섯째 항, …등을 분수로 나타내어, $\frac{2}{1}$, $\frac{3}{2}$, $\frac{5}{3}$, $\frac{8}{5}$, $\frac{13}{8}$, … 등을 소수값으로 계산하면 황금비인 1.618에 가까워진다. 따라서 피보나치 수열은 황금비와도 관련이 있다.

자연에서도 피보나치 수열은 쉽게 찾아볼 수 있다.

앵무조개로 확인한 황금비.

피보나치 수열은 해바라기의 씨 배열, 소라의 나선, 솔방울의 나선 배열 등 자연계에서 많이 관찰할 수 있으며, 신호이론, 의학, 물리학, 통계학에도 두루 사용된다.

주식 시장에서 선보인 엘리엇 파동이론은 피보나치 수열을 이용해 분석한다.

데이지꽃에서 발견할 수 있는 피보나치 수열.

NGC2082 막대나선 은하에서 관찰할 수 있는 피보나치 수열.

엘리엇 파동이론은 5개의 상승 곡선이 나타난 후 3개의 하강곡선이 나타나는 현상을 말한다.

31 근의 공식

: 복잡한 문제의 실타래를 푸는 '만능열쇠'

고대 바빌로니아 인들은 기원전 1800년경에 이미 이차방정식에 대한 풀이를 계산할 수 있었다. 이것은 60진법을 이미 수학으로 고착된 바빌로니아 인들의 문명이 있었기에 가능했다. 60진법은 현대사회에서는 시간에서 관찰할 수 있다. 60초를 1분, 60분을 1시간으로 묶는 산술법이다.

근의 공식은 7세기에 브라만굽타[Brahmagupta, 598-670]가 처음 소개했으며 지금과 같은 근의 공식을 정형화한 수학자는 인도의 바스카라[Bhaskara, 1114-1185]이다.

근의 공식은 다음의 공식으로 $ax^2 + bx + c = 0$의 이차방정식의 일반형에서 구할 수 있다.

$$x = \frac{-b \pm \sqrt{b^2 - 4ac}}{2a}$$

이차방정식의 해법과 근의 공식의 발견 시기에 비하면 삼차방정식의 근의 공식은 16세기에 이르러서야 발견했다.

16세기 이탈리아에서는 수학자들끼리 문제를 내고 맞추는 내기가 유행했다. 문제를 풀면 부귀영화가 주어졌지만 답을 맞추지 못하면 비웃음과 함께 모든 것을 잃어야 하는 도박판 같은 내기였다. 그리고 당시 문제들 중에는 삼차방정식 문제들이 화제였다. 당시 두 유명한 수학자 타르탈리아와 피오르는 서로에게 삼차방정식 문제를 냈고 타르탈리아는 피오르가 낸 30문제를 모두 맞추었다.

타르탈리아.

그후 밀라노의 유명한 의사이자 수학자이기도 한 카르다노가 타르탈리아에게 삼차방정식의 풀이 방법을 알려달라고 졸랐다. 타르탈리아는 카르다노에게 비밀로 한다는 조건을 내걸고 풀이방법을 가르쳐줬지만 카르다노는 그 약속을 깨고 자신의 이름으로 삼차방정식의 근의 공식을 발표했다. 따라서 현재 카르다노의 공식으로 알려진 삼차방정식의 해는 타르탈리아의 것이다.

사차방정식의 해법은 페라리가 발견했다.

이렇게 이차, 삼차, 사차방정식의 근의 공식을 발

카르다노.

견하고 300여 년 지난 1823년, 오차방정식의 근의
공식은 노르웨이의 수학자 아벨이 가감승제와 제곱
근을 사용하는 대수적 방법으로는 풀이가 어려워
존재하지 않는다고 발표했다. 뒤이어 1830년에 19
살의 프랑스의 수학자 갈루아가 5차 이상의 방정식
은 근의 공식이 없음을 증명했다. 이 과정에서 갈루
아는 갈루아 군을 창조했다.

15세의 갈루아.

　갈루아 군은 정수론에도 등장하는 중요한 수학
이론이며 양자역학과 소립자 이론에도 사용될 정도로 자연과학 분야에서 다양
하게 활용하고 있다.

　따라서 지금까지 밝혀진 근의 공식은 5차 이상의 방정식은 존재하지 않으나
이차, 삼차, 사차방정식에서는 적용되며, 인수분해와 조립제법, 완전제곱식과
함께 많이 사용하는 방정식의 해법이다.

32 유클리드 기하학

: 2천 년을 버텨온 논리의 뼈대

유클리드는 기원전 300 년경에 건축과 측량기술을 통해 얻는 도형에 관한 정리를 토대로 《기하학원론》13권을 편찬했다. 그는 아테네의 플라톤 문하에서 수학하기도 한 수학자이기도 하다.

이 저서는 기하학의 입문서가 될 정도로 공리와 공준, 정의가 설명되어 있어 중, 고등학교 교육과정

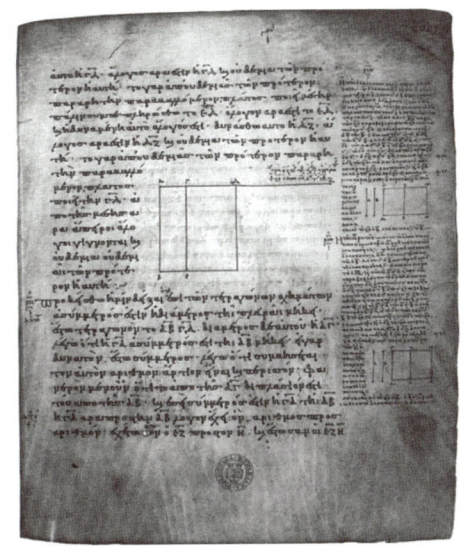

보클리 도서관에 보관된 유클리드 《기하학원론》 중 일부.

유클리드의 기하학원본과 영어
번역본.

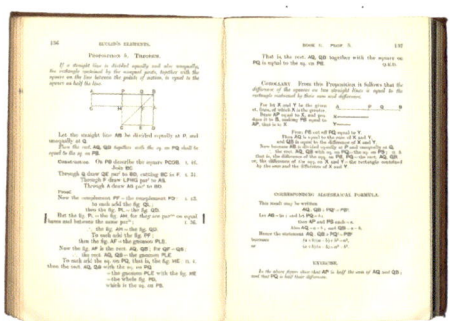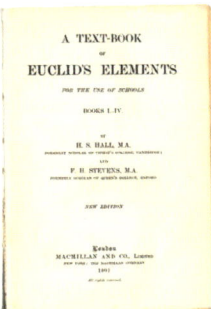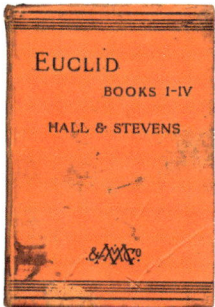

에 소개되는 내용이 많다. 이 때문에 초등기하학이라고도 한다.

공리는 가장 기본이 되는 명제로서 증명이 필요 없이 사용하는 것을 말한다.

그리고 공리 중 특정 분야에 한정된 것이 공준이다. 유클리드 기하학의 5가지 공준에 대한 설명은 다음과 같다.

(1) 하나의 점과 점 사이를 연결하는 직선은 오직 하나이다.

(2) 선분을 연장하면 양 끝으로 얼마든지 그려 나갈 수 있다.

(3) 점 1개를 중심으로 하고 일정한 거리인 반지름으로 원을 그릴 수 있다.

(4) 직각은 모두 서로 같다.

(5) 두 직선이 한 직선과 만나서 생기는 2개의 내각의 합이 180°보다 작으면
   연장했을 때 반드시 만난다.

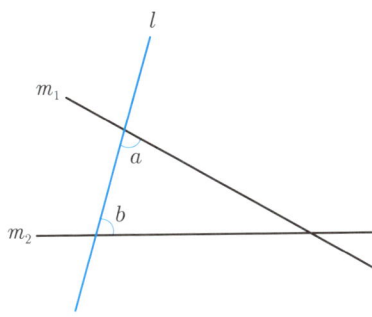

이 중 (5)번의 내용은 '삼각형의 내각의 합은 180°이다'는 명제와 일맥상통
한다.

유클리드의 기하학 정의는 지금도 사용하며 절대적인 개념으로 받아들인다.

유클리드의 기하학은 절대적인 개념과 정리이며 학문 체계이다.

그러나 19세기에 (5)번의 공준에 관한 내용이 비판을 받으면서 비유클리드
기하학에 관한 연구가 시작됐다.

유클리드 기하학은 피타고라스의 정리에 영향을 주었으며, 여러 기하학에 대
한 기준을 세운 공리이자 공준이다. 따라서 2000여 년 동안 2차원 평면도형에
관한 기하학에 기여하며 서양의 수학과 과학의 기본적 원리를 완성시켰다.

33 퍼지 이론

: 흑백논리 사이의 회색지대를 읽는 기술

안드로이드 로봇.

전통적으로 0과 1의 이진수만을 이용하여 논리값을 만들고 실행하는 컴퓨터의 이론과는 달리 명확하지 않고, 애매모호한 수학 이론이 있다. 바로 퍼지 이론이다.

퍼지 이론은 참과 거짓을 명확히 구분하지 않고, 이분법을 탈피한 시스템이므로 중간 영역에도 관여한다. 즉 소속 함수를 대응하여 대상과 함께 산출하는 이론인 것이다. 또한 퍼지 이론은 애매한 표현을 유추하여 의미를 파악하는 이론으로 연구의 영역이 넓혀졌다.

1965년 이란 출신의 버클리 대학교 자데 교수가 창안한 이래 더욱 정교하고 복잡한 것을 다루며 확대된 퍼지 이론은 핸드폰 카메라의 자동초점이나 세탁기의 세제 조절, 엘리베이터, 전기밥솥, 에어컨의 온도 조절 기능, 자동차의 제어장치, 안드로이드 로봇의 동작에도 적용하고 있다. 뿐만 아니라 신경회로망에도 퍼지 이론이 적용되어 인공지능의 발달에 기여하고 있다.

세탁기, 에어컨, 냉장고, 엘리베이터, 카메라 등등 우리 삶의 수많은 부분에서 퍼지 이론을 발견할 수 있다.

: 상상 그 너머, 끝이 없다는 것의 경이로움

끝을 알 수 없는 우주는 무한한 것일까? 그렇다면 그 무한의 크기는 과연 얼마일까?

우리는 종종 ∞로 표기하는 무한을 생각한다. 그러나 유한에 익숙한 우리에게 무한은 생소하고 경이로운 개념으로 받아들여진다. 고대의 수학자 제논을 비롯해 무한대를 연구한 수학자들은 많다.

무한대는 로마의 숫자 1000에서 유래되었다는 설과 그리스의 마지막 철자인 오메가(ω)에서 유래되었다는 설

무한대는 끝이 있을까?

이 있다.

무한을 상상하기 위해 3가지의 규칙을 생각하자.

(1) 아무리 큰 수를 세더라도 더 큰 수를 셀 수 있다.

(2) 무한히 펼쳐진 두 개의 평행선은 절대로 영원히 만날 수 없다.

(3) 하나의 선분을 아무리 반으로 쪼개고 쪼개도, 자르는 일은 영원히 끝나지 않는다.

독일의 수학자 칸토어가 발표한 무한대는 처음에는 인정받지 못했지만 지금은 수많은 분야에서 그 개념을 사용하고 있다. 화학에서 원자를 잘게 나눈다는 생각도 무한대의 개념에서 시작했다. 물리학자 톰슨이 1897년에 전자를 발견하면서 원자 내부 구조에 대한 연구가 시작되었고 이후 원자핵은 양성자와 중성자로 이루어진 것으로 알려졌다.그리고 1964년에는 머리 겔만 ^{Murray} $^{Gell-Mann, 1929-2019}$이 양성자와 중성자가 더 작은 입자인 쿼크 quark로 이루어져 있다는 이론을 제안했다.결국 원자는 쿼크라는 미세한 입자들로 이루어져 있다고 설명되지만 쿼크도 더 근본적인 구조가 있을 가능성은 아직 연구 중이다.

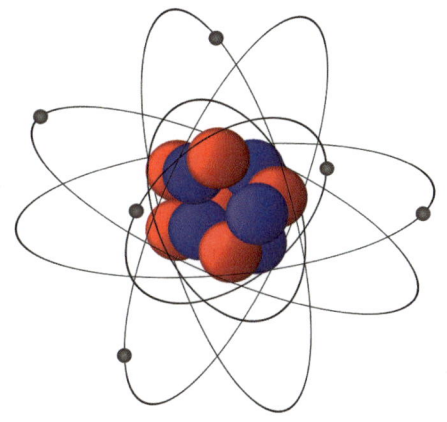

탄소 원자.

따라서 어쩌면 의혹이 다 풀릴 때까

지 원자는 무한대의 개념으로 연구 대상이 될 수도 있을 것이다. 5G 시대에 디스플레이 기술과 프랙탈, 나노 기술은 무한대를 연구하면서 이룩하게 된 성과이다.

디스플레이 기술은 성장을 거듭해 더 크고 더 가벼우며 돌돌 말 수 있는 수준까지 발전했다.

나노기술을 적용한 아이팟.

35 순열과 조합

: 선택의 가짓수를 안다는 것의 의미

여러 명이나 여러 개 중에서 특정하게 순서를 고려하여 뽑아 일렬로 세우는 것을 순열이라 한다. 즉 n명 중에서 r명을 선택한 경우의 수를 $_nP_r$로 나타낸다.

한편 여러 명이나 여러 개 중에서 순서 없이 선택하는 것을 조합이라 한다. 즉 n명 중에서 r명을 선택한 경우의 수를 $_nC_r$로 나타낸다.

예를 들어 신호등의 3색인 빨강, 노랑, 초록 중에서 2가지 색을 뽑아 나열해보자.

(빨강, 노랑), (빨강, 초록), (노랑, 초록), (노랑, 빨강), (초록, 빨강), (초록, 노랑)은 순열이다. (빨강, 노랑), (빨강, 초록),

신호등.

(노랑, 초록)은 조합이다.

순열과 조합은 17세기부터 파스칼, 베르누이, 라이프니츠, 페르마에 의해 이론적으로 발전했다. 파스칼의 삼각형은 조합의 대표적인 예로 꼽을 수 있다.

순열과 조합은 그래프 이론, 위상수학, 대수학, 확률론, 에르고딕 이론 등 여러 수학 이론의 발전에 기여했다.

다양한 첨단기기의 비밀번호 설정에 사용된다.

또한 우리는 스마트폰의 비밀번호 인식과 교통수단의 경로 선택에서 순열과 조합을 접할 수 있다.

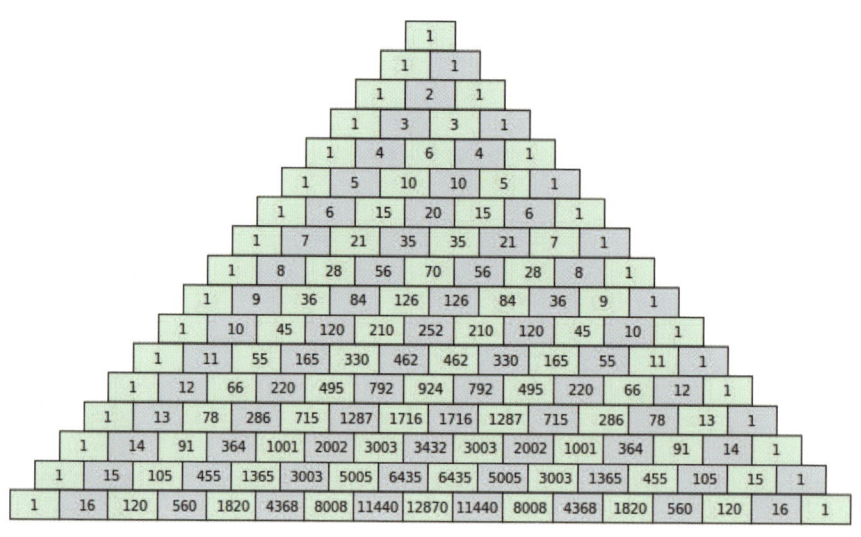

파스칼의 삼각형.

36 복소평면

: 보이지 않는 수의 세계를 눈앞에 펼치다

　복소평면은 수학자 아르강$^{\text{Jean Robert Argand, 1768~1822}}$이 만들었다는 설과 가우스, 베셀이 만들었다는 얘기가 있는데, 정확하게 밝혀지지는 않았다. 다만 허수를 포함한 복소수는 가상의 수임에도 불구하고 실수와 함께 좌표평면처럼 표시하여 많은 수학적 해법을 찾을 수 있다는 것에 의의가 있다.

　복소평면은 좌표평면의 x축을 실수축, y축을 허수축으로 정한 것이 다를 뿐별 어려움 없이 복소수를 나타내고 수학적 해결을 하는 데에 편리하다.

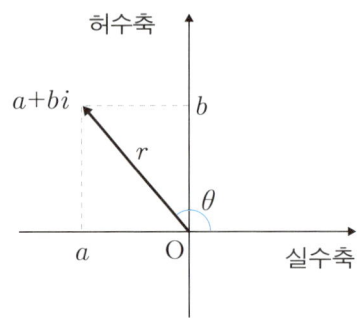

복소평면의 발견은 해석학에 많은 기여를 했으며 이는 미적분의 발달에 영향을 주었다. 또한 코시 리만 방정식, 초등 복소함수, 라플라스 방정식에도 영향을 주었다.

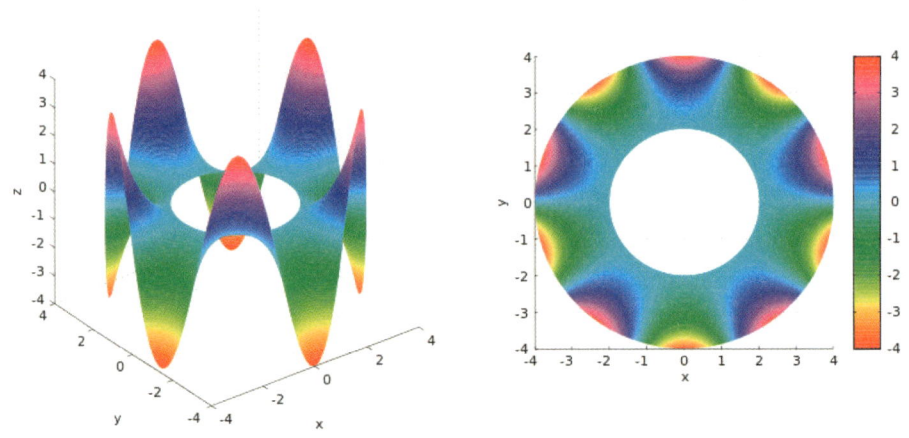

고리에 관한 라플라스의 방정식을 적용한 그래프.

우리가 사용하는 전기, 인공위성, CT와 MRI 같은 의료기기도 복소평면의 발견으로 이루어진 성과이다.

인공위성.

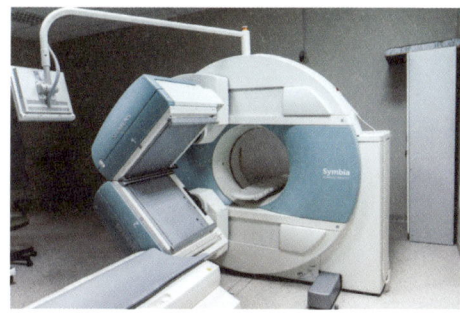

MRI.

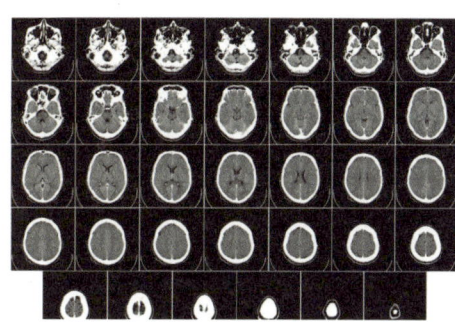

CT로 촬영한 뇌.

37 구골

: 인간의 상상력을 넘어서는 압도적인 크기

구골은 10의 100제곱인 10^{100}으로 나타내는 어마어마한 큰 수이다. 한 줌의 모래의 수가 만 개 정도이고 해운대의 모래알도 10^{20}(개) 정도인 것을 떠올린다면 구골의 크기가 조금은 상상이 갈 것이다. 현재 우리가 아는 불가사의라는 큰 숫자는 10^{64}을 말한다.

구골은 1938년 미국의 수학자 캐스너가 큰 수를 생각하다가 발견한 수인데, 이름은 조카인 밀턴 시로타가 지어 주었다. 구골은 천문학과 연관지어 우주의 광활함을 설명할 때 종종 등장하는 수이며 하늘을 관측할 때 보이는 모든 수를 세어도 구골을 넘지

구글 로고.

못한다고 한다. 포털 인터넷 구글^{Google}도 구골의 오기로 생겨났지만 그대로 사용하고 있다.

아르키메데스는 모래알로 우주를 가득 채울 때, 필요한 모래알의 개수를 8×10^{63}개로 계산한 바 있다. 인도와 중국에서도 무한히 큰 수에 대해 연구했다.

그 뒤 10의 구골제곱인 구골플렉스도 만들어졌다. 수학으로 표기하면 $10^{10^{100}}$이다. 체스 경기를 할 때 일어나는 모든 가짓수는 구골을 초과한다.

우주의 광활함을 나타낼 때는 구골과 연관하여 설명하기도 한다.

구골과 구골플렉스는 매우 큰 수로, 상상할 수 없는 거대함 때문에 무한대로 생각할 수도 있다. 1000여 년 전의 인류는 하늘을 나는 비행기, 우주를 건너는 우주 비행

체스.

선을 상상하지도 못했지만 지금은 현실이 된 것처럼 미래사회에서는 거대한 수 구골이 점차 셀 수 있는 큰 수로 받아들여질 수도 있다. 그리고 이것은 그 사회가 구골로 계산되어질 정도로 수학, 과학적 발전이 이루어졌다는 것을 의미할지도 모른다.

38 챔퍼나운 수

: 숫자를 나열하는 것만으로 만들어진 무리수

미육군 박물관에 전시 중인 애니그마.

여러분은 0부터 9까지의 10개의 숫자가 1씩 차이가 나도록 배열하여 종이 위에 쓸 수 있다. 그런데 0.123456789101112…와 같은 형태로 무한히 나아가는 소수를 본 적이 있는가?

소수점 첫째 자리부터 무한하게 뻗어나가는 순차적인 수를 챔퍼나운 수라고 한다. 신비하기도 한 이러한 정규수*$^{Normal\ Number}$는 0부터 9까지가 10%의 빈도로 나타난다.

챔퍼나운 수는 절대로 π와 e처럼 방정식의 해를 풀어 나올 수 있는 수가 아닌 초월수이며 원자 배열에 사용되면서 물리학 연구에 많은 실마리와 해법을 제시했다. 또한 패턴 분석과 연분수의 확장, 암호학 연구 등에서도 증명에 이용되고 있다.

물리학을 비롯해 다양한 분야에서 챔퍼나운 수를 이용하고 있다.

정규수: 어떤 진법으로 썼을 때 모든 숫자가 치우침 없이 고르게 등장하는 수이다.

39 테서렉트

: 우리가 가보지 못한 4차원의 그림자

0차원은 점, 1차원은 선분, 2차원은 면, 3차원은 입체도형이다. 그렇다면 4차원은 어떠할까?

| 0차원 | 1차원 | 2차원 | 3차원 |

3차원의 입체도형을 전개도로 만드는 수업은 여러분도 해보았을 것이다. 문제를 통해 다양한 3차원 입체도형을 봤을 것이며 영화나 드라마, 다큐멘터리에서도 보았을 수 있다. 이제 3차원을 넘어서 4차원의 전개도를 떠올려 보자.

4차원인 테서렉트는 초입방체라고도 하는데, 전개도는 정육면체 8개가 붙은 모양이다.

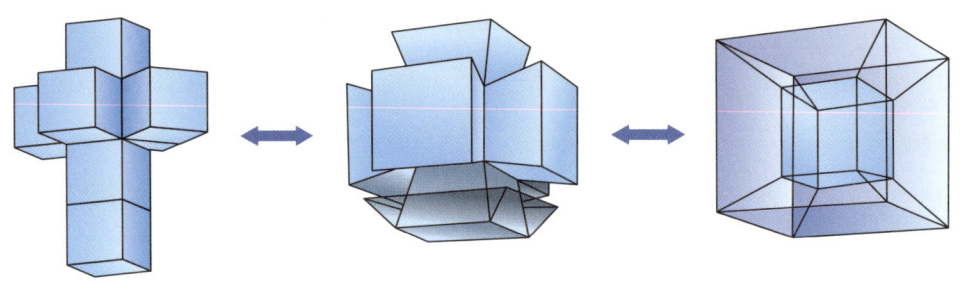

위의 그림처럼 정육면체 8개가 붙은 3차원이 전개도이다. 그리고 오른쪽 그림이 테서렉트 4차원의 완성된 그림이다.

초입방체는 16개의 꼭짓점과 32개의 변, 24개의 면으로 구성되어 있다. 정육면체처럼 8방향을 생각하기로는 어려운 입체도형으로 그림을 그리는 것도 매우 힘들다. 그리고 전개도도 261개나 된다.

테서렉트는 푸앵카레의 정리, 위상수학에 많은 영향을 주었다. 또한 우리가 증강현실과 가상현실 체험으로 가상공간을 자유롭게 구현하고 이동할 수 있는 데에는 테세렉트와 같은 고차원 기하학의 원리가 밑바탕이 되고 있다.

부등식

: 같지 않음을 통해 세상의 범위를 넓히다

부등식은 두 식의 대소관계를 나타낸 식이다. $>$, $\geq$, $<$, $\leq$ 등을 이용하여 식을 만들고 풀이한다. 수학에서 서로 다른 두 식을 비교할 때는 부등식이 많이 쓰인다. 현대 기호인 4개의 부등호는 해리엇[Thomas Harriot, 1560~1621]과 부게르[Pierre Bouguer , 1698~1758]가 고안했다.

여러분이 엘리베이터를 탈 때 인원의 무게에서 제한을 가하는 것과 일정한 돈으로 쇼핑을 할 때 소비금액을 정한 후 물건을 비교하며 머릿속으로 계산하는 것도 부등식의 일종이다. 과학 실험에서 농도의 조절과 혼합 물질의 생성, 물질의 부피와 측정 등에서도 부등식을 사용한다.

부등식은 수학뿐만 아니라 다양한 학문에 적용한다. 아르키메데스의 등주 부등식은 증명하는 데 2000여 년이 걸린 오래된 부등식이다. 뉴턴도 뉴턴 부등식

실험실에서 실험 개체의 농도를 조절할 때도 부등식을 이용하지만 필요한 만큼 지출하고 계산하는 것도 부등식을 활용하고 있는 것이다.

을 발견한 바 있다. 18, 19세기에는 해석학은 크게 발전했으나, 부등식 자체는 독립된 연구 분야로 큰 주목을 받지 못하기도 했다.

부등식은 기하학과 관련도가 높아서 범위를 구하는 것 외에도 그래프를 그려서 해를 구하는 것이 많다. 선형계획법에도 부등식은 들어가며, 제약 조건을 나타낼 때 부등식으로 해를 찾는 최적 조건을 탐색하게 한다.

벨의 부등식은 양자역학에 많은 영향을 끼쳤으며, 코시-슈바르츠 부등식은 선형대수학과 해석학에 영향을 주었다. 옌센 부등식은 금융론과 확률론 등에도 사용한다.

금융을 상징하는 다양한 아이콘들.

41 음수

: 빌린 것조차 숫자로 기록하기 시작한 순간

지금은 쉽게 사용하는 음의 부호(−)가 붙은 -2, $-\frac{3}{2}$ 같은 음수는 불과 300년 전 만해도 수학자들의 커다란 고민이었을 것이다. 0보다 작은 음수를 어떻게 나타내고 표기하고 계산할지에 대해 곤란한 점이 한둘이 아니었기 때문이다.

3세기의 디오판토스의 방정식에는 음수의 해는 존재하지 않는 것으로 서술했다. 인도에서도 양수를 재산, 음수를 부채로 보아 구분해 표기했으며 음수에 대한 계산 법칙을 기록으로 남기기도 했다. 알 콰리즈미 같은 유명한 이슬람의 수학자도 방정식에서 음수해를 인정하지 않았다고 한다. 알사마왈이 저술한 《계산에 관한 빛나는 책》에도 음수의 덧셈과 뺄셈이 소개되었지만 후에 바스카라도 음수의 결과값에 대해서는 인정하지 않았다.

음수의 발견으로 수학 분야의 연구는 진일보하게 된다.

　이탈리아의 수학자 카르다노가 음수의 개념과 법칙에 대해 서술했다. 그러나 데카르트가 좌표축에 음수를 나타내기 전에는 서양에서도 음수에 대한 정확한 이해가 없었다. 0보다 작은 수는 수학에서 천대받았던 것이다.

　중국의 구장산술에도 양수를 붉은색, 음수를 검은색 막대기로 표시한 기록이 있다. 그리고 음수의 크기에 대해 표기한 기록이 남아 있으나 정형화된 것은 아니다.

　18세기에 이르러 음수도 사칙연산이 가능한 법칙이 만들어지고 미적분학과 해석학에 유용하게 사용되면서 음수가 본격적으로 활용되기 시작했다. 그리고 지금은 온도와 금리계산, 경제 성장률 등 여러 척도와 기준에도 사용 중이다.

보통 우리의 삶에서 음수를 만나기는 힘들다. 그러나 지출이 수입을 초과하거나 경제성장률과 같은 부분에서는 음수의 개념이 존재한다.

42 지수

: 눈덩이처럼 불어나는 변화의 속도

지수는 아르키메데스가 〈모래의 계산자〉에서 10의 거듭제곱 단위를 이용해 큰 수를 표현하며 지수적 발상의 초기 형태를 보여 주었다. 이를 연구해 슈티펠은 지수법칙을 확장했으며, 음의 지수도 소개했다. a를 밑으로 하고 지수를 -2로 하면 음의 지수 a^{-2}는 $\dfrac{1}{a^2}$이 된다. 또한 슈티펠은 $2^3 \times 2^5$을 $2^{3+5}=2^8$으로 바꾸는 지수법칙을 정리했다.

지수의 발달로 지수법칙도 발달해 수학사에 큰 영향을 주었다. 또한 스테빈, 비에트, 루카 등도 매우 큰 수나 매우 작은 수를 간단하게 나타내는데 유용한 지수를 연구해 지수법칙 정립에 이바지했다.

이에 따라 지수법칙을 이용하면 1000000000000000000000000000도 10^{27}로 간단히 나타낼 수 있다.

또한 원자나 분자 단위에서 사용하는 나노미터(nm)는 1나노미터를 기준으로 10억분의 1m로 나타낸다. 이것을 $1nm = 10^{-9}m$로 간단히 나타낼 수 있다.

지수는 복소수까지 확대하여 적용하면서 오일러의 공식 같은 유명한 공식이 세상에 나올 수 있도록 했다.

오일러.

지수는 지수함수를 포함하여 대수방정식에 많은 영향을 주었다. 지수의 발전은 극한이나 무한대에 관한 수학 분야의 진일보에 공헌했으며 지수함수는 인구 증가와 개체수의 증가 등 사회과학, 자연과학에 그래프로도 자주 등장한다.

미분과 적분이 역의 관계로 짝을 이루듯이 지수와 로그 역시 역의 관계로 항상 짝을 이루는 수학 분야이다.

인구 증가에도 지수 개념이 들어간다.

브라마굽타의 공식

: 고대 인도가 발견한 면적의 정석

인도의 수학자이자 천문학자인 브라마굽타는 기하학에 커다란 기여를 한 브라마굽타의 공식을 발견했다. 원래는 헤론의 공식도 브라마굽타의 공식과 큰 차이가 없으나 정형화한 공식은 브라마굽타가 쌓은 업적이다.

원에 내접하는 사각형의 넓이를 네 변의 길이만으로 구할 수 있는 것이 브라마굽타의 공식이다.

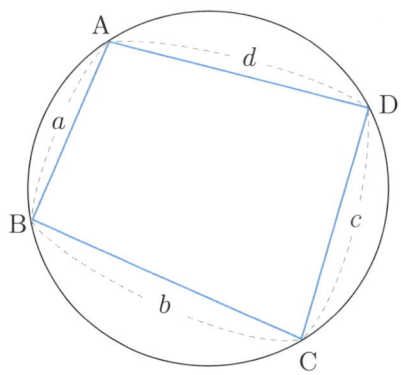

위의 그림에서 □ABCD에서 네 변의 길이가 a, b, c, d일 때, s를 $\dfrac{a+b+c+d}{2}$ 로 하면 □ABCD의 넓이는 $\sqrt{(s-a)(s-b)(s-c)(s-d)}$ 로 구할 수 있다.

브라마굽타의 공식은 기하학의 발전에 영향을 주었을 뿐 아니라, 토목공사와 건축술, 농경지 측정와 같은 우리 생활 곳곳에 기여했고 학문적으로도 브레치나이더의 공식$^{\text{Bretschneider's formula}}$에 큰 영향을 주었다. 헤론의 공식에도 적용 가능해 수학 분야에서 활용 가치가 높다.

브라마 굽타의 공식은 학문적인 기여뿐만 아니라 건축, 농경지 측정, 토목 공사 등 우리 삶에도 큰 영향을 미쳤다.

44 비유클리드 기하학

: 우리가 알던 평평한 공간이 휘어진다면?

17세기까지 유클리드의 원론은 절대적 공리로 받아들여졌다. 그러나 5번째 공준인 '한 직선과 밖에 있는 한 점을 지나는 평행한 직선은 한 개 존재한다'를 검증하려 했던 이탈리아의 수학자이자 예수회 신부인 사케리$^{Girolamo\ Saccheri,1667\sim1733}$가 내놓았다. 이는 18세기 수학의 흐름을 바꿀 수 있는 격변의 이론이었다. 이것이 후에 비유클리드 기하학으로 이어지는 쌍곡기하학의 시도로 평가된다.

이는 수학사에 일대 혁명을 불러오는 위대한 발견이었지만 당시에는 수학계에서 인정받지 못했다.

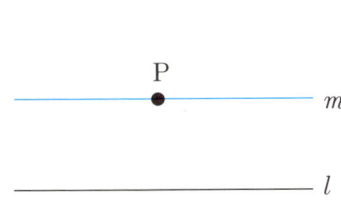

유클리드 기하학 5번째 공준

직선 l과 한 점 P를 지나는 직선 m은
서로 평행하면 영원히 나아가도 만나
지 않는다.

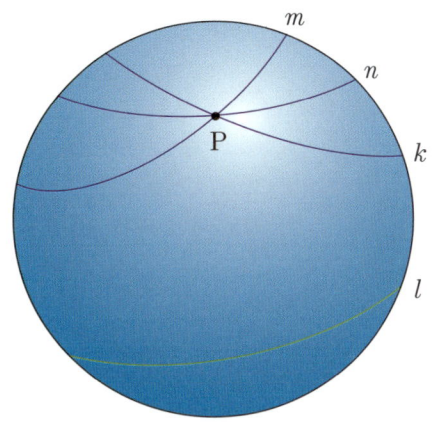

비유클리드 기하학 중 쌍곡기하학

직선 l과 평행하며 한 점 P를 지나는 직
선은 적어도 2개 이상이다.

이로부터 30여 년 후 가우스와 리만의 연구를 거쳐 비유클리드 기하학은 학
문 분야로 인정받게 되었다. 리만은 강연회에서 타원적 비유클리드 기하학을
발표함으로써 곡률에 대한 설명도 했다.

곡률을 떠올려보자.

곡률이 0이면 평면이므로 유클리드 공간이며, 양(+)의 값이면 타원적 비유
클리드 공간, 음(−)의 값이면 쌍곡적 비유클리드 공간이다. 타원적 비유클리
드, 쌍곡적 비유클리드 공간을 통해 수학자와 과학자들은 휘어진 공간을 생각
할 수 있게 된다. 그리고 이 이론들은 물리학의 대표적 이론으로 꼽히는 아인
슈타인의 일반상대성이론의 토대가 된다.

일반상대성이론에서는 중력이 시공간을 휘게 만들며 이를 통해 위성과 지구에서의 시간 차이가 설명될 수 있다고 제안했다.

45 소수의 표기

: 정밀함의 시작, 소수점 아래의 세계

3.12나 2.567처럼 정수와 소수 부분으로 구성되는 소수[*]는 네덜란드의 스테빈[Simon Stevin, 1548~1620]이 처음 발견했다. 분수로만 숫자를 나타내는 불편함으로 인해서 소수를 발견했다고 한다. 단지 표기법은 지금과 달리 7.52를 7◎5①2②처럼 사용했다.

지금과 같은 정확한 표기법은 스테빈의 제자 지라르를 거쳐, 네이피어가 점(.)을 찍는 방식을 대중화하여 정착되었다. 영국의 수학자 월리스[John Wallis,1616~1703]는 소수에 대한 자릿수 계산을 원활하게 하는 법칙을 만들어 소수의 발전을 진일보시켰다. 그의 연구를 통해 오늘과 같이 소수에 관한 가

시몬 스테빈.

감승제가 가능하게 되었다.

스테빈이 소수를 발견하기 전까지 분수 형태의 숫자 표현은 복잡하여 많은 시간을 할애해야만 했다. 특히 소수의 출현으로 인해 분수의 연산도 간단하게 계산할 수 있게 되면서 수학의 발전에 많은 기여를 했다. 0.2 같은 유한소수, $\frac{4}{7}$ 의 값인 0.57142857142…같은 무한소수에 대한 연구도 용이할 수 있었던 것은 그의 소수 연구 덕분이다.

시력 검사표와 경기의 승률, 음식의 레시피 비율, 물질의 성분 분석 등은 소수의 영향으로 우리를 편리하게 한 예이다.

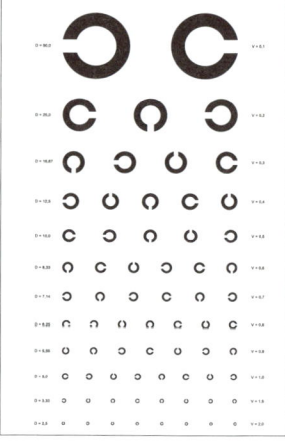

시력 검사표.

성분 분석과 시력 검사, 레시피 비율 등은 모두 소수의 영향을 받은 것이다.

소수: 0과 1 사이의 양수를 소수라고 한다. 1과 자신만을 약수로 가지는 소수와는 다르다.

46 베이즈 정리

: 새로운 데이터가 들어올 때 믿음이 바뀌는 법

영국의 수학자이자 목사였던 베이즈는 사후확률에 대한 연구로 베이즈의 정리를 발표한다. 그러나 베이즈의 정리는 수학의 엄밀성에 반하는 논리라고 지적되어 당대에는 크게 환영받지 못했다. 추론적인 이론으로 비추어져 큰 인정을 받지 못한 것이다. 그러나 지금은 사후확률에 관한 폭넓고 중요한 정리가 되었다.

사과가 2개, 배가 2개인 1번 상자와 사과가 3개, 배가 1개인 상자가 있다고 하자. P(A)를 1번 상자를 선택할 확률, P(B)를 상자에서 꺼냈을 때 사과가 나올 확률이라고 하면, P(A|B)를 구할 수 있을까? 즉 P(A|B)는 사과가 나왔는데, 1번 상자에서 나왔을 확률이 무엇인지 계산해 보는 것이다.

P(A)는 1번 상자를 선택할 확률이므로 A, B 두 상자 중 한 개를 선택할 확률인 $\frac{1}{2}$ 이다. P(B)는 사과가 나오는 경우인데, $\frac{1}{2} \times \frac{1}{2} + \frac{1}{2} \times \frac{3}{4} = \frac{5}{8}$ 이다. 그리고 P(B|A)는 1번 상자를 선택할 때 사과가 나오는 확률이므로 $\frac{2}{4} = \frac{1}{2}$ 이다. 따라서 구하고자 하는 P(A|B)는 다음과 같다..

$$P(A\,|\,B) = \frac{P(B\,|\,A)P(A)}{P(B)} = 0.4 \text{ 가 된다.}$$

베이즈 정리는 행동과학[*], 경제학, 사회 심리학, 정보론, 인공지능 등 다양한 분야에서 폭넓게 응용하고 있다.

베이즈의 정리는 수학 분야임에도 과학을 비롯해 사회학, 심리학에도 활용하고 있다.

행동과학: 실제로 관찰 가능하고 측정할 수 있는 인간행동을 법칙으로 규명해 정립해서 사회의 계획적인 제어나 관리를 돕기위한 과학적 동향의 총칭.

4차 산업혁명 시대에는 다양한 수학 분야를 지금보다 더 많이 활용할 것이며 그중에는 베이즈의 정리도 있다. 또한 새로운 직업군에서 수학이 차지하는 비중도 높을 것이라는 연구결과가 나왔다.

47 중앙제곱법

: 컴퓨터가 가짜 '랜덤'을 만드는 기술

영국의 과학자 앨런 튜링$^{Alan Turing, 1912~1954}$은 컴퓨터의 아버지라고 불릴 정도로 컴퓨터 과학에 많은 기여를 했다. 그리고 그와 비견되는 과학자로는 노이만을 꼽는다.

게임이론으로 유명한 노이만은 컴퓨터 과학자, 논리학자, 수학자이며, 아인슈타인과 함께 과학계에 지대한 공을 세운 인물이다. 그가 과학계에 공헌한 방법 중에는 난수 생성방법인 중앙제곱법이 있다.

1946년 개발한 중앙제곱법은 임의로 4개의 숫자를 선정하여 그 숫자를 제곱해서 제곱한 값

앨런 튜링.

이 7자리이면 앞에 0을 덧붙여 8자리로 만든 뒤 가운데 4개의 숫자를 선택하면 그 4자리 숫자가 첫 난수이다. 계속해서 처음 생성된 난수를 제곱하여 가운데 4자리를 선택하면 두 번째 난수가 된다. 이러한 방법으로 난수를 생성하는 것이 중앙제곱법이다.

이론물리학자 오펜하이머와 폰 노이만(우)이 1952년 연구실 컴퓨터 앞에서 미소짓고 있다.

예를 들어 1976을 임의의 4자릿수로 선정하고 제곱하면 3904576이 된다. 7자릿수이므로 앞에 0을 붙이면 03904576이 되며, 가운데 4자릿수를 선정하면 9045이다. 이제 첫 난수가 생성되었다. 9045를 제곱하여 가운데 4자릿수를 선정하면 8120이라는 난수가 나오며 계속해서 세 번째 난수를 생성하면 9344, 네 번째 난수는 3103이 된다.

이 난수방법을 알고리즘으로 풀면 임의의 난수가 발생하는 원리를 이용해, 보안이 필요한 분야에서 암호화에 많이 사용되었다. 여기에는 수학과 물리학, 수소 폭탄의 개발에도 적용된 바가 있다. 난수의 생성은 컴퓨터 과학에 매우 큰 공을 세운 것으로 알려져 있다.

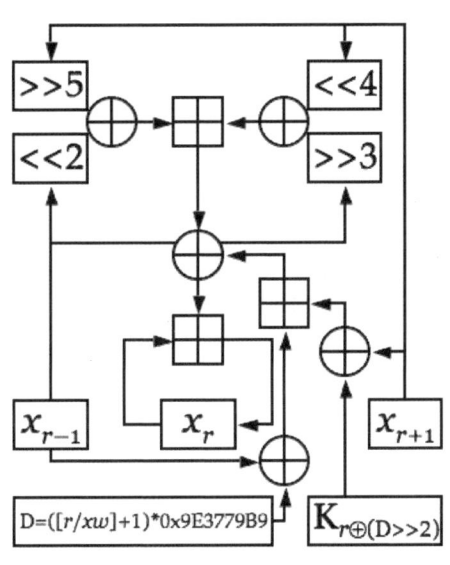

알고리즘의 예.

미래사회는 인터넷, IT와 같은 컴퓨터의 세상이 된다.

위의 아이콘에서 짐작할 수 있듯이 컴퓨터 과학이 연구하는
분야는 다양하다.

48 코사인 법칙

: 삼각형의 잃어버린 조각을 찾는 법

피타고라스의 정리는 '사잇각을 직각으로 이웃으로 둔 두 변의 각각의 제곱의 합은 빗변의 제곱의 합과 같다'는 정의를 두고 있다. 따라서 $c^2=a^2+b^2$으로 나타낼 수 있다. 그런데 코사인 법칙은 $c^2=a^2+b^2-2ab\cos C$로 나타낸다.

피타고라스의 정리는 두 변의 사잇각이 직각으로 정해져 있지만 코사인 법칙은 사잇각이 어떠한 일반각이라도 풀도록 되어 있다. 이는 코사인에 대해 $0°$ 초과 $180°$ 미만의 범위 내에서 삼각함수표를 참고로 풀이하도록 되어 있다는 의미이다.

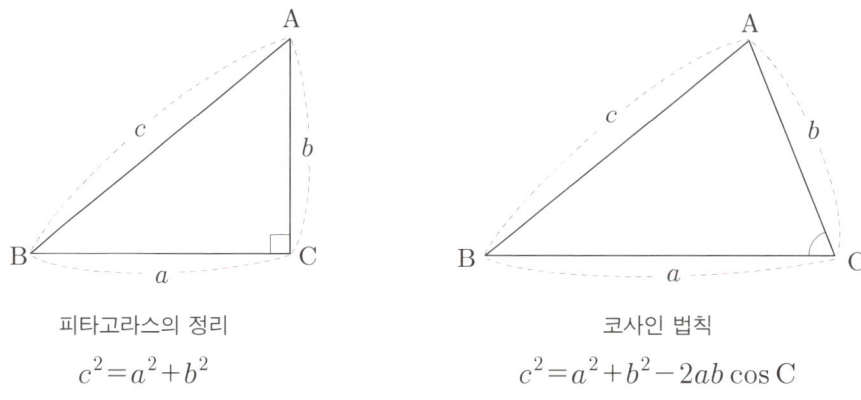

피타고라스의 정리

$$c^2 = a^2 + b^2$$

코사인 법칙

$$c^2 = a^2 + b^2 - 2ab \cos \mathrm{C}$$

코사인 법칙도 피타고라스의 정리만큼이나 중요하며, 조금 더 복잡한 식이지만 토지 측량과 항유의 경로, 건축학, 지적도의 거리 계산 등에도 널리 사용했던 실용적 공식이기도 했다.

이와 같은 농경지는 어떻게 측정할 수 있을까?

토지 측량.

항운의 경로.

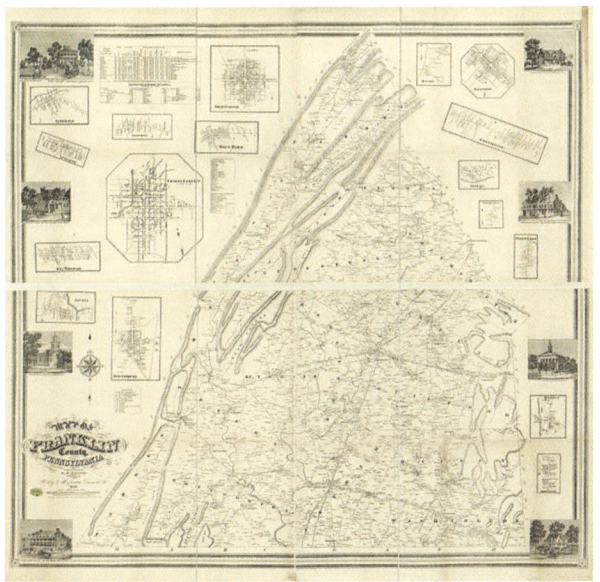

지적도.

우주 시대를 준비하는 현대 사회에서도 코사인 법칙은 중요하지만 제1, 2차 산업혁명사회에서도 토지 측정, 항해, 건축 등에서 코사인 법칙은 중요했다.

　우리나라는 예전부터 코사인 법칙을 제2코사인 법칙으로 명명하고 있으며, 제1코사인 법칙에서 유도하는 공식이기도 하다. 제1코사인 법칙은 $c=a\cos B+b\cos A$로 나타낸다. 그리고 코사인 제1법칙과 제2법칙은 각각 3개씩으로 총 6개이며 공식은 다음과 같다.

제1코사인법칙

$$a = b\cos C + c\cos B$$

$$b = c\cos A + a\cos C$$

$$c = a\cos B + b\cos A$$

제2코사인법칙

$$a^2 = b^2 + c^2 - 2bc\cos A$$

$$b^2 = a^2 + c^2 - 2ac\cos B$$

$$c^2 = a^2 + b^2 - 2ab\cos C$$

cosine

49 복소수의 곱셈 연산

: 수치로 표현하는 회전과 확장의 마법

복소수는 실수부와 허수부의 합으로 나타낸 수로써 실수와 허수를 모두 포함하는 더 넓은 개념이다. 따라서 우리에게 익숙한 실수와 실제로 존재하지 않는 상상의 수이지만 수학적으로 가치가 있는 허수를 모두 아우르는 것이다.

복소수는 $a+bi$로 보통 나타내는데, a는 실수부, b는 허수부이다. 그런데, 허수의 곱셈 계산을 실수처럼 할 수 있는가에 대한 연구로 증명한 학자가 있다. 1572년 봄벨리[Rafael Bombelli, 1526~1572]는 복소수의 연산을 실수처럼 다룰 수 있음을 정리했다.

$$(a+bi)(c+di)=ac+adi+bci-bd$$

실수처럼 곱셈법칙을 전개하면 $(a+bi)(c+di)=ac+adi+bci+bdi^2=ac+adi+bci-bd$가 된다. 복소수의 곱셈 연산이 가능하게 됨을 증명함으로써 삼차, 사차방정식의 허근에 대한 풀이와 증명에도 많은 진보가 이루어졌다. 그리고 200여 년 후인 18세기에 복소 해석학에 나오는 오일러의 정리가 탄생할 수 있는 토대가 되었다.

우리가 4차 산업사회에 들어가면서 더 활발해진 증강현실(AR)과 가상현실(VR) 세계도 복소수의 개념과 연산 없이는 성공할 수 없다. 복소수는 항공기의 유체역학과 전기전자공학의 전자기 흐름 등 여러 분야에도 활용된다. 양자역학, 신호 처리, 상대성이론, 슈뢰딩거의 파동 방정식, 조류 변화, 프랙탈, 반도체의 설계에도 들어가고 있으며 미래사회로 갈수록 활용도가 높아지는 수학 분야이다.

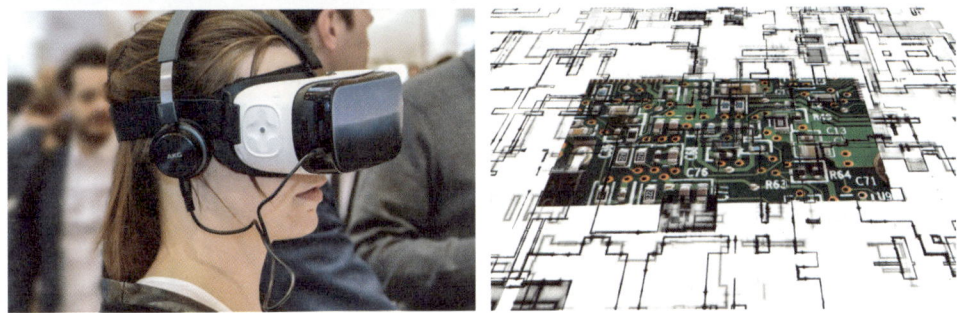

조류의 변화부터 전투기, 항공기의 유체역학, 가상현실, 반도체의 설계까지 복소수를 필요로 하는 분야는 수없이 많다.

50 유클리드 호제법

: 가장 오래되었지만 가장 빠른 알고리즘

유클리드 호제법은 두 수의 최대공약수를 구하는 방법이다. 나머지를 이용하여 나머지가 0이 될 때까지 반복적으로 나누어 해를 찾는 것이다.

예를 들어 12와 9의 최대공약수를 유클리드 호제법으로 구해보자. 12=9×1+3이며, 여기서 몫과 나머지 부분을 보면서 9와 3의 최대공약수를 구한다. 9=3×3+0이므로 9는 3으로 나누면 몫은 3이며, 나머지는 0이므로 끝나게 된다. 즉, 최대공약수는 3이다.

조금 더 복잡한 수로 516과 296의 최대공약수를 구하는 방법은 다음의 단계를 거친다.

$$516 = 296 \times 1 + 220$$

296과 220의 최대공약수를 구한다.

$$296 = 220 \times 1 + 76$$

220과 76의 최대공약수를 구한다.

$$220 = 76 \times 2 + 68$$

76과 68의 최대공약수를 구한다.

$$76 = 68 \times 1 + 8$$

68과 8의 최대공약수를 구한다.

$$68 = 8 \times 8 + 4$$

8과 4의 최대공약수를 구한다.

$$8 = 4 \times 2 + 0$$

나머지가 0이므로 최대공약수는 4이다.

이러한 방법으로 나머지가 0이 될 때까지 계산한다. 그리고 자릿수가 큰 수일수록 유클리드 호제법이 더욱 효과적일 수 있다.

유클리드 호제법은 《기하학원론》에 수록된 방법이지만 정수론과 현대 수학에 필수적인 방법론이다. 또한 에우클레이데스의 《원론》에도 체계적

에우클레이데스.

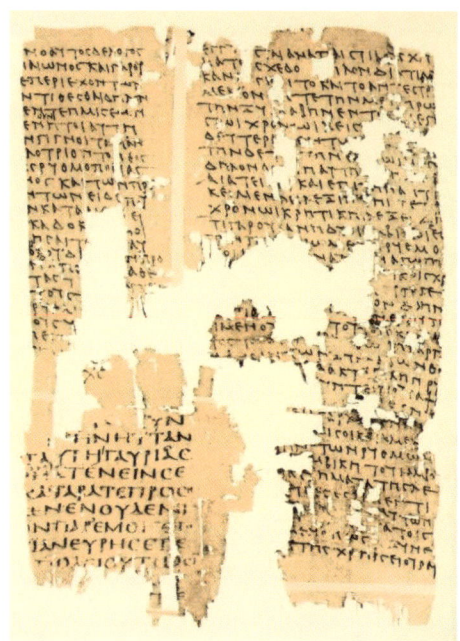

필시본으로 **추정되는** 3세기경 《기하학원론》 중
일부.

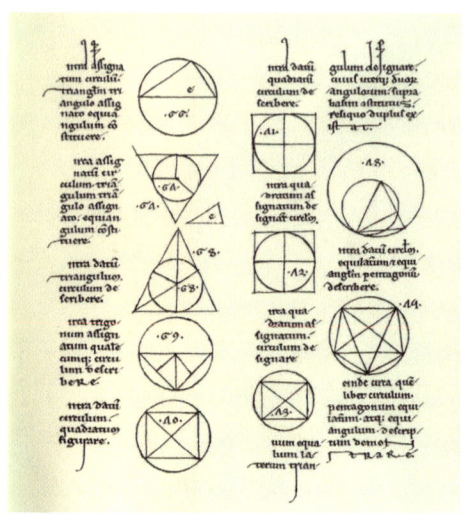

유클리드의 《기하학원론》는 전 세계에서 가장 많
이 팔린 2번째 책일지도 모른다.

으로 정리되어 있으며 인류의 가장 오래된 알고리즘으로도 알려져 있다.

51 스트링 아트

: 직선이 모여 우아한 곡선이 되는 과정

수학적 규칙에 따라 직선과 직선을 연결해 곡선을 연출하는 수학 또는 예술을 스트링 아트^{String Art}라 한다. 불 대수학으로 유명한 조지 불의 아내인 메리 에베레스트 불이 18개의 장으로 구성된 수학 교육서 《대수학의 철학과 재미》에서 처음 소개한 스트링 아트는 바느질을 하다가 문득 떠오른 아이디어에서 연구된 것이다.

스트링 아트는 직선의 개수가 많을수록 곡선이 더욱 뚜렷하게 나타나며 직선만으로도 곡선의 완성체를 만들

수 있어 수학에 많이 사용한다.

스트링 아트로 선과 선의 연결을 연결하면서 함수의 대응관계를 설명하곤 한다. 일정한 규칙에 따라 직선끼리 연결하면서 대응의 의미를 보여주는 것이다.

스트링 아트는 미분에서 접선의 기울기를 시각적으로 보여주며, 곡선의 형성을 직관적으로 이해하는데 활용되어 다리 건설에도 이용하며, 인테리어에도 활용된다.

실로 뜬 스트링 아트.

컴퓨터로 구현한 스트링 아트.

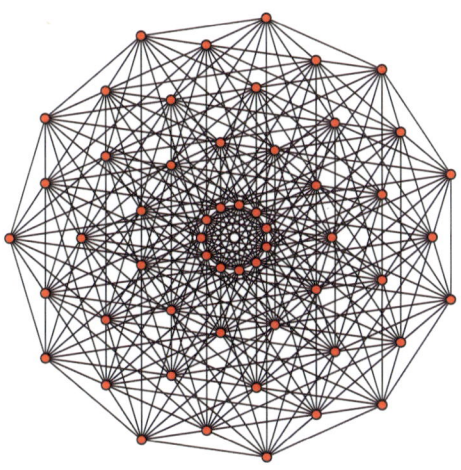

스트링 아트.

스트링 아트를 이용한 다리들.

52 호도법

: 원의 각도를 길이로 재는 합리적인 시각

오일러의 등식과 관련된 연구를 한 영국의 수학자 로저 코츠[Roger Cotes, 1682~1716]는 각도를 간단하게 표현하는 방법을 제시했다. 단순하게만 보이는 이 발견은 많은 수학자들에게 새로운 시각을 제시했다. 각도는 보통 °단위를 사용하여 15°, 120° 등으로 나타내는데, 이것을 수학 수치로 나타내는 길을 선물한 것이다.

호도법은 바빌로니아인이 만든 60분법과 함께 많이 사용하는 각도 표

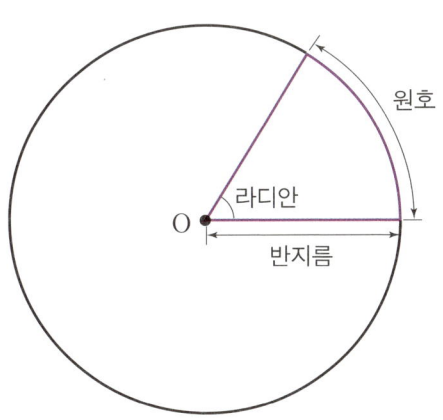

호도법은 $\dfrac{\text{원호의 길이}}{\text{반지름의 길이}} = 1$라디안으로 정한다.

기법으로, 원주율 π를 사용하여 각도를 수학적 수치로 나타낸 것이다.

반지름의 길이에 대한 원호의 길이의 비를 1rad(라디안)으로 놓고 표기하기 때문에 $180°$를 π(라디안)으로 나타내면 $90°$는 $\dfrac{\pi}{2}$(라디안), $360°$는 2π(라디안)이 된다. π를 사용하여 각도를 간단하게 나타낼 수 있게 되면서 각도도 π를 사용한 하나의 실수로 인식하게 되었다.

시간은 60분법을 사용하고 있는 대표적인 예이다.

일상적으로 많이 사용하는 각도 표기법인 60분법은 평면도형 분석과 삼각형을 쉽게 다루기 위해 생겨난 반면, 호도법은 회전운동 분석과 원을 쉽게 다루기 위해 생겨났으므로 차이가 있다.

호도법은 삼각함수와 미적분의 발전에 큰 영향을 주었다.

60분법	$0°$	$30°$	$45°$	$60°$	$90°$	$180°$	$270°$	$360°$
호도법	0	$\dfrac{\pi}{6}$	$\dfrac{\pi}{4}$	$\dfrac{\pi}{3}$	$\dfrac{\pi}{2}$	π	$\dfrac{3}{2}\pi$	2π

놀이공원은 회전운동을 가장 잘 활용하는 곳이다.

53 미분

: 멈춰있는 순간 속에서 변화를 포착하다

미분은 물체의 변화에 대한 순간변화율을 구하는 것이다. 함수에서는 접선의 기울기를 구하는 것이 미분이 된다. 원래 뜻은 작게 나눈다라는 의미이며, 수학적으로 미세한 구간을 나누어 계산하는 것이다.

적분이 고대부터 연구된 것에 비해, 미분은 그보다 늦게 체계화되었다. 갈릴레오는 물체의 낙하운동 연구에서 시간과 거리, 속도, 가속도에 대한 개념을 연구했지만 본격적인 미분은 뉴턴과 라이프니츠에 의해서 세상에 선보여졌다.

행성의 태양계 운동과 중력법칙을 발견한 뉴턴은 이를 설명하기 위해 미분법을 연구했다. 그 과정에서 평균속도의 극한이 순간속도라는 것을 설명했다. 이는 요즘도 미분에 대해 배울 때, 평균속도와 순간속도가 등장하게 된 배경이다.

라이프니츠는 지금도 사용 중인 미분 기호 dx, dy의 도입으로 미분의 역사

미분을 이용하여 인공위성의 성공적 발사를 추진한다.

를 만들었다. 그의 연구 중에는 할선의 기울기의 극한은 바로 접선의 기울기라는 것도 있다. 뉴턴과 라이프니츠의 차이는 미분법에 접근하는 과정이 과학이냐 순수 수학이냐의 차이에서 발생한다.

　미분을 배우기 전 등장하는 극한에서 극한값을 빠르게 구하는 공식이 있다(편법에 가까운 방법이기도 하다). 그 방법은 로피탈의 정리를 이용하는 것이다.

　프랑스의 수학자 로피탈은《무한소 해석》에서 부정형의 극한을 구하려면 약분하듯이 분모와 분자를 한 차례 혹은 여러 번 미분하여 극한값을 구하는 방법을 제시했다. 그런데 사실 이 방법은 수학 명문가인 베르누이 가문의 요한 베르누이가 처음 발견한 것이었다. 다만 로피탈은 요한에게 수업료를 내고 지도를 받는 대가로 요한의 수학에 대한 지적재산권을 자유롭게 사용하는 것을 허락받았다. 그래서 로피탈의 정리라고 해도 크게 문제가 되지 않으며 로피탈의 정리는 미분학에서 매우 유명한 공식이 되었다.

　미분은 변화율에 관한 연구로 물리 현상을 증명하거나 설명하는 데 매우 탁월한 분야로 점차 정착되면서 많은 과학자들도 역동적 과학이라 부르게 되었다. 또한 페르마와 데카르트, 오일러가 미분을 그래프와 함께 더욱 구체적으로 구현하면서 많은 수학자들이 순수과학과 응용과학에 관심을 가지게 되었다. 구부러진 곡선 형태의 도로 설계에서는 직선으로 향해 나가려는 자동차의 성질 때문에 곡선 부근의 접선 부분은 미분의 접선 기울기와 순간 변화율 등의 요소를 고려하여 계획하게 된다.

　미분은 열전도율, 온도 변화율, 인공위성을 성공적으로 발사하기 위한 궤도 계산, 인구 증가에 대한 대책, 방사능 원소의 반감기 계산, 방사능 원소의 연대

측정, 물체의 부피 팽창 측정, 번지 점프를 할 때의 변화율 계산, 전자회로의 전류량 계산, 자동차 설계, 태풍의 이동 경로와 분석, 예측 등에 다양하게 이용되고 있다. 또한 제품의 원가분석 시 비용에 대한 적정 수준을 맞추기 위한 설계에도 사용한다.

방사능의 반감기 계산, 번지점프, 자동차 설계, 건축, 우주 여행 등 미분을 필요로 하는 분야는 얼마든지 있다.

54 비에트의 정리

: 근과 계수 사이의 묘한 연결고리

중세 대수학과 근대 대수학 사이에서 중요한 역할을 하면서 대수학의 발전에 기여한 수학자로는 비에트가 꼽힌다.

비에트는 1591년에 출간한 《해석학 입문》에서 삼각함수의 합의 정리와 방정식의 미지수를 x, y, z, a, b 등의 문자를 사용하여 풀어나간 것으로도 유명하다. 우리가 지금도 수학에서 방정식이나 함수, 부등식 같은 대수학에서 미지수를 x, y, z로 설정하여 문제를 풀어나가는 것은 비에트의 표기법 도입에 따른

비에트.

공적이다.

삼각함수의 2배각, 3배각 공식의 연구를 통해 수학사에 많은 기여를 한 비에트의 업적 중 가장 유명한 것이 바로 비에트의 정리이다.

1593년에 발표했던 논문 〈보 기하학$^{\text{Supplementum geometriae}}$〉과 그의 사후인 1651년에 발표된 논문 〈방정식의 검토와 수정$^{\text{De aeguationum recognitione et emendatione}}$〉은 이차, 삼차, 사차방정식의 풀이법 소개와 근과 계수의 관계를 일반화한 논리의 증명으로 주목받게 된다. 특히 대수학과 기하학을 연관된 분야로 보고 진행한 연구(단 복소수에 관한 허근은 이때 인정을 하지 않았기 때문에 허근은 제외했다)가 눈에 띈다.

비에트의 정리는 근과 계수의 관계로도 알려진 공식이다. 비에트는 다항방정식의 근에 대해 계수의 관계를 밝혔는데, 5차 이상의 근의 공식이 없는 고차방정식도 근과 계수에 대해 하나의 정리된 체계를 만든 것이다.

비에트의 정리에서 가장 기본적으로 등장하는 것은 이차방정식이다.

이차방정식에서 두 근을 α, β로 했을 때 두 근의 합 $\alpha + \beta = -\dfrac{b}{a}$이며, 두 근의 곱 $\alpha\beta = \dfrac{c}{a}$이다. 그리고 두 근의 차 $|\alpha - \beta| = \dfrac{\sqrt{b^2 - 4ac}}{|a|}$이다.

삼차방정식부터는 더욱 복잡한 식이 생성되지만 비에트의 정리는 다항방정식에 대해 일반화된 식을 만들어서 증명했다.

비에트의 정리가 발견되면서 대수학은 많은 진보를 이루었으며 그중에서도 방정식에 대한 연구에서 빼놓을 수 없는 것이 되었다.

코딩

: 논리적 생각을 현실의 움직임으로 바꾸는 일

알고리즘을 컴퓨터가 이해할 수 있도록 프로그램을 설계하여 입력하는 작업을 코딩이라 한다. 지금은 C^{++}, 자바스크립트, 자바, 파이썬 등 여러 프로그램이 소개되어 예전보다 손쉽게 프로그래밍으로 수학적 계산과 언어 프로그래밍을 실행할 수 있다. 하지만 1972년 C 언어가 개발되기 전까지는 현대적인 프로그래밍의 틀이 정리되지 않았기에 상대적으로 투박하고 복잡한 방식으로 프로그래밍을 했다.

마거릿 해밀턴.

그리고 소프트웨어 공학의 틀을 정립하는데 큰 기여를 한 인물은 당시 대접받지 못하던 여성 수

아폴로 11호의 달 착륙.

학자 마거릿 해밀턴^{Margaret Heafield Hamilton, 1936년~}이었다.

그녀는 MIT의 계약직으로 들어가서 날씨를 예측하는 소프트웨어와 어셈블리어 등을 활용한 프로그래밍 언어를 활용해 소프트웨어를 개발했다. NASA에서는 선임개발자로 근무하면서 아폴로 계획의 한 축을 담당했다. 당시 프로그래밍은 지금과 같은 형태가 아니었으며 코딩을 하는 데에도 칠판과 종이에 기록하는 아날로그적 방식으로 해야만 했다. 이와 같은 그녀의 노력 끝에 결국 달 착륙은 성공했다.

아폴로 11호는 착륙 직전 경고 상황이 발생했지만, 우선순위 기반 소프트웨어 설계 덕분에 착륙 과정이 안정적으로 지속될 수 있었다. 또한 비상 상황을 고려해 설계된 시스템 구조는 이후 다양한 항공우주 소프트웨어 설계에 영향을 주었다.

컴퓨터 언어인 코딩은 이제 미래세대가 배워야 할 필수 과목이 되었다.

이때 당시 사용한 프로그램 중 코딩을 이용해 개발한, 지구와 달 사이의 왕복 경로를 알려주는 프로그램이 초기 항법 시스템이다. 50여 년 전에 달 착륙을 목적으로 초기 모델로 개발된 것이 초기 네비게이션의 형태인 것이다.

그 후 소프트웨어 엔지니어링이라는 직업은 코딩을 짜고, 운영하면서 사후 관리까지 하는 전문가를 뜻하게 되었다.

디지털 공학에 중요한 요소인 코딩은 컴퓨터 과학 발전에 크게 기여했다. 그리고 4차 산업혁명의 시대에서 코딩의 역할은 커져만 가고 있으며 그 중 핵심 분야로 꼽히는 안드로이드 로봇의 인간 역할과 행동 학습에 코딩이 차지하는 비중은 매우 크다. 안드로이드 로봇의 언어 소통 수단과 명령어에 코딩은 필수적으로 이용되고 있기 때문이다. 이밖에도 팜 농업, 우주산업, 자율주행

안드로이드 로봇.

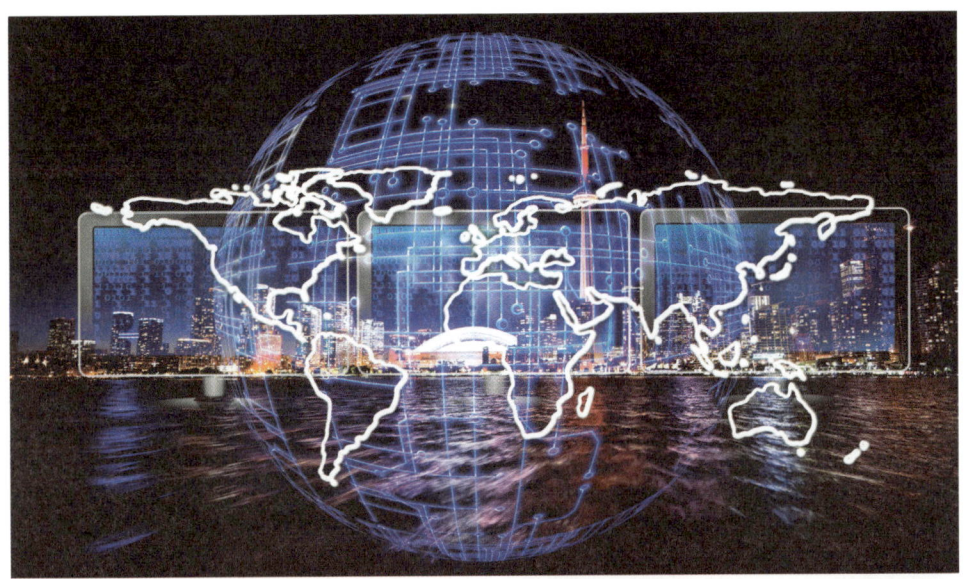

제1, 2차 산업혁명 시대를 지나 첨단과학으로 움직이는 세상에서 코딩의 중요성은 커져만 가고 있다. 고령화 사회에서 노동력 대신 자동제어 시스템으로 운영되는 농장, 공장 등에는 이를 이행할 수 있는 프로그래밍이 필수이다. 그리고 이것이 컴퓨터 언어인 코딩이 필수과목이 되는 이유이다.

등 4차 산업시대가 IT 시대가 될수록 그 중요함은 커질 수밖에 없다.

56 탈레스의 정리

그림자 하나로 피라미드 높이를 재던 지혜

철학과 과학, 수학의 업적으로 유명한 탈레스^{Thales, 기원전 624~545}는 세상을 이루는 물질의 근원이 물이며 지구는 물 위에 떠 있기 때문에 지진이나 화산폭발 같은 재난도 당한다고 주장했다. 고대 바빌로니아에서 이미 알려져 있던 기하학적 사실들을 탈레스가 체계적으로 정리한 것으로 전해진다.

탈레스의 정리는 6가지로 다음과 같다.

(1) 평행한 두 직선에 하나의 직선이 지나서 생기는 엇각은 서로 같다.

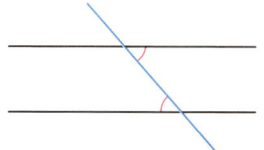

(2) 서로 다른 두 직선이 만난 맞꼭지각은 서로
    같다.

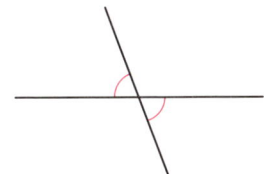

(3) 삼각형의 합동 조건은 세 가지가 있다. S를 선분, A를 각도로 할 때, SAS
    합동, ASA합동, SSS 합동이다.

(4) 반원 안에 그려지는 삼각형은 직각삼각형이다.

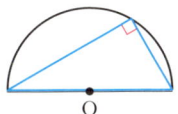

(5) 지름은 원을 이등분한다. 그리고 이때 생기는
    두 개의 반원은 반원의 넓이는 같다.

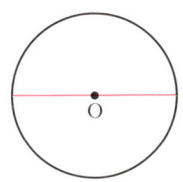

(6) 이등변삼각형의 양 밑각은 서로 같다.

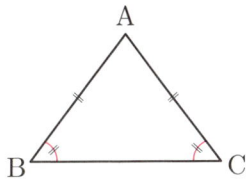

   직관이 아닌 논리를 통해 증명한 탈레스의 정리는 철학적 사고력도 담아내며
고대 기하학의 체계적 정리를 이뤄냈다.

탈레스의 정리는 아름다운 건축물 설계와 천문학
연구에 영향을 주었다.

반드시 기하학 입문을 접할 때 필요한 관문이 된 탈레스의 정리는 건축술과 천문학에도 이용하며 수학을 비롯해 과학, 철학 등 많은 학문에 영향을 주었다.

57 삼각법의 발견

: 닿지 않는 거리를 계산으로 정복하는 법

수학은 자연의 언어이다. 따라서 수학을 통해 물리의 법칙을 증명할 수 있었으며 많은 과학적 해석에 필요한 학문이 되었다. 그리고 그중에는 천문학도 한 자리를 차지하고 있다.

고대에 별의 위치를 자세히 기록하고, 별의 밝기 등급을 분류하여 천문학에 업적을 남긴 히파르코스[Hipparchos 기원전 190~기원전 120]는 천문학자이자 수학자로 삼각법의 기초를 세운 인물로 알려져 있다.

히파르코스는 사인[sine]을 이용해 개기일식이 일어난 지구 위의 두 지점과 달의

개기일식.

항해술의 발달은 전 세계를 하나로 묶는 데 큰 역할을 했다.

한 지점을 잇는 선 사이의 각도를 구해서 지구와 달까지의 거리를 계산했으며 코사인^{cosine}과 탄젠트^{tangent} 등이 담긴 삼각법의 초기 공식을 내놓았다. 뿐만 아니라 그가 작성한 삼각함수표는 초기의 현표이다. 히파르코스의 삼각법은 후에 프톨레마이오스의 《알마게스트》에 소개되었으며 아랍을 거쳐 유럽에 전달되며 수학사를 발전시켜왔다. 어떤 수학자들은 히파르코스의 삼각법이 유럽에 더 빨리 전해졌다면 세상의 변화가 더 빨라졌을 것이라고 주장한다.

　이밖에도 삼각법은 해시계의 발명, 천문학, 항해술 등 다방면에 폭넓게 이용되며 발전을 거듭하다가 오늘날에 와서는 음향학 통신, 영상 공학에도 쓰이고 있다.

음향학.

정원에 놓인 해시계.

창덕궁의 해시계.

삼각법은 수학, 천문학 등의 발전에도 영향을 주었지만 해시계, 항해술, 음향학 등 우리 생활에도 다양하게 활용하고 있다.

58 보로노이 다이어그램

: 자연이 영역을 나누는 가장 효율적인 방식

세포의 구조, 기린의 얼룩무늬, 잠자리 날개 등에서 관찰되는 무늬가 있다. 이 무늬들은 자연에서 관찰된 것이지만 수학 연구에 중요한 영감을 준 사례로 이어졌다. 바로 보로노이 다이어그램이다. 미적 아름다움을 보여주는 보로노이 다이어그램은 언뜻 살펴보면 불규칙적인 것처럼 보이지만 실제로는 규칙적이고 논리적이다.

보로노이 다이어그램은 특정한 점들에 대해 가장 가까운 영역으로 공간을 나눈 구조이다.

아이들끼리 삼각형 많이 만들기를 하고 있다. 도화지에 점을 찍어놓고 선분으로 연결하여 삼각형으로 분할하는 과정처럼 생각할 수 있다. 도화지에 찍은 점들을 선분으로 메워 완료되면 승부가 나오는 방식이다. 여기서 완성되는 삼

각형을 들로네 삼각형이라고
부른다.

들로네 삼각형의 각 변에
수직이등분선을 그리면 보로
노이 다이어그램이 완성된다.

즉, 평면 위에 여러 개의 점
끼리 서로 이은 후 수직 이등
분선을 그려서 수차례 반복
하면 보로노이 다이어그램이
완성되는 것이다.

보로노이 다이어그램 이미지. ⓒ 있음.

GPS의 제작, 자율주행자동
차의 도로주행, 소방서의 출동지역 분할, 국가 간의 영토 경계분석과 구획문제
에 활용된다.

건축물의 미관을 위해서 보로노이 다이어그램을 이용하는 경우도 많다. 또한
학교, 도서관, 아파트 건설 등 입지 선정을 포함한 개발계획에도 활용할 뿐만
아니라 단백질의 결합에 대한 연구에도 보로노이 다이어그램이 쓰이고 있다.

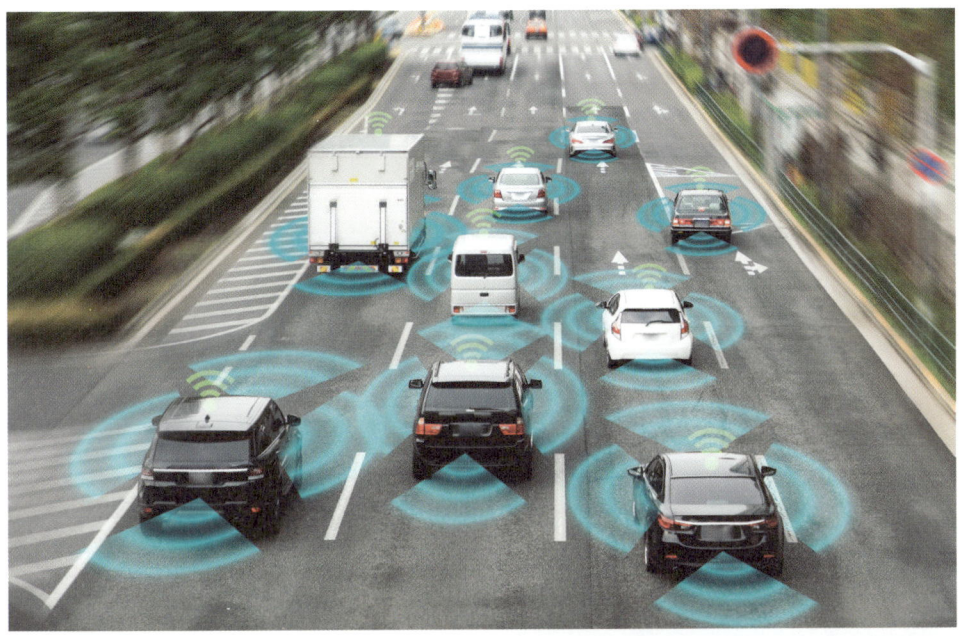

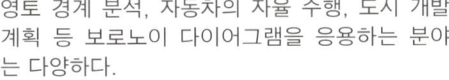

영토 경계 분석, 자동차의 자율 주행, 도시 개발 계획 등 보로노이 다이어그램을 응용하는 분야는 다양하다.

59 비례식

: 조화로운 관계를 유지하는 숫자의 비율

지렛대와 도르래의 원리를 떠올리면 생각나는 수학 분야가 있다. 비율과 백분율과도 관련된 것으로 바로 비례식이다.

두 수 또는 두 양을 비교할 때 활용되며 수학 비교 기호인 ': '를 사용한 식이다. 1 : 2에서 1을 전항, 2를 후항으로 부르며, 10 : 20의 경우 전항과 후항을 각각 10으로 나누어 간단하게 1 : 2로 나타낼 수 있다.

1 : 3 = 4 : 12라는 비례식을 세웠을 때 1과 12는 외항, 3과 4는 내항으로 부른다. 이때 외항끼리의 곱인 12와 내항끼리의 곱 12는 같다. 이것을 이용하면 비례식은 쉽게 해결이 된다.

탈레스는 비례식의 성질인 외항의 곱=내항의 곱이 같다는 성질을 이용하여 피라미드의 높이를 계산했다.

탈레스는 비례식을 이용하여 피라미드의 높이를 계산했다.

고대 이집트와 바빌로니아에서 토지 측량과 세금 징수, 단위 측정에 비례식을 이용한 사례도 많다.

1인치는 2.54cm이다. 만약 30인치의 바지를 제작한다면 $1:2.54=30:x$로 비례식을 세워서 x를 구하면 된다. 지금은 단위환산기로 손쉽게 계산할 수 있지만 계산기조차 없던 시기에는 단위환산에 대해 비례식으로 계산하기도 했다.

기하학에서는 도형의 닮음에 대해 길이의 비나 넓이, 부피 등을 계산할 때에도 비례식을 필요로 했다. 또한 도형의 증명문제에서 비례식은 논리적 타당성을 뒷받침한다.

지도의 축척도 비례식을 이
용해 실제 거리를 구할 수 있
다. 톱니바퀴의 회전수를 구할
때도 비례식을 이용한다. 현미
경이나 망원경의 배율계산에도
비례식이 필요하며 천문학에서
비례식은 중요하다.

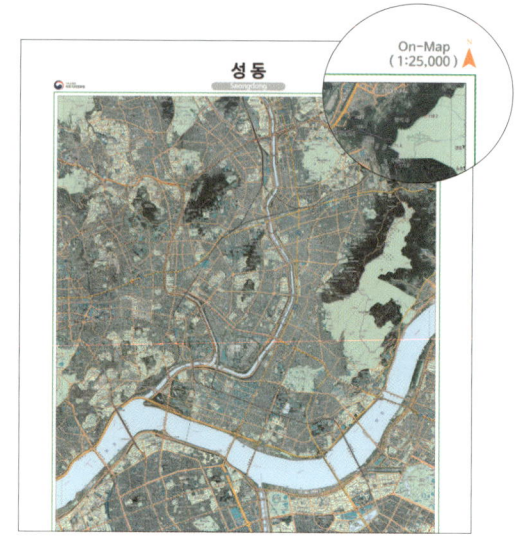

1:25,000의 축척지도.

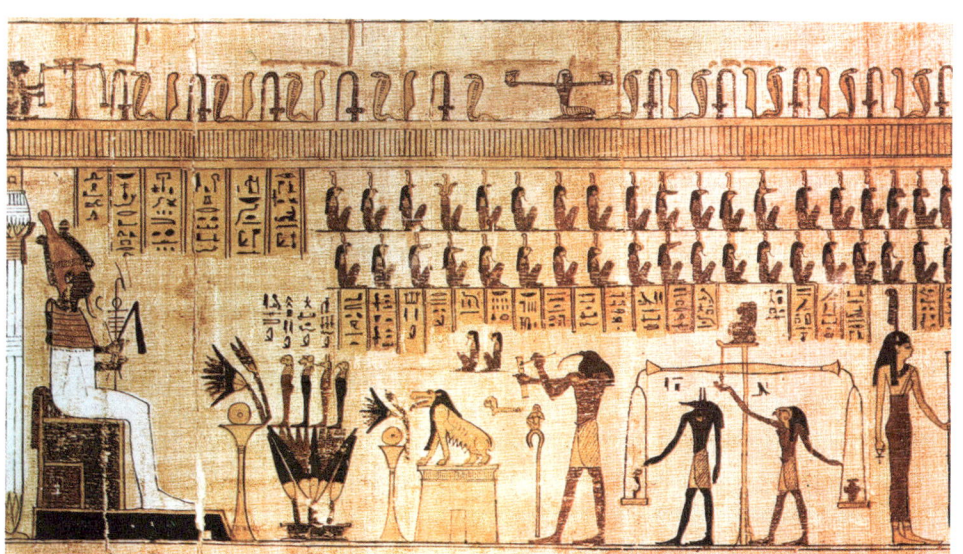

고대 이집트의 벽화에서는 고대 이집트인들의 사상과 생활상을 엿볼 수 있어 연구가치가 높다.

60 프로그래밍의 발견

: 기계보다 먼저 태어난 알고리즘의 철학

프로그래밍은 컴퓨터가 명령어에 따라 실행하는 구조이다. 따라서 인간이 먼저 프로그램을 설계하고 컴퓨터가 그 기능을 수행하게 된다. IT 산업에선 필수적인 기능이다.

컴퓨터 프로그래밍의 필수적인 요소로는 루프, 점프, 서브루틴, 이프^{if} 구문이 있다. 이와 같은 요소를 처음 체계적으로 설명한 인물은 에이다 러브레이스로, 그녀는 최초의 프로그래머로 불린다. 그녀의 프로그램의 개발은

에이다 러브레이스.

찰스 배비지가 발명한 해석 엔진에 사용된 러브레이스의 해석 엔진 알고리즘 다이어그램 노트.

논리적 수행인 알고리즘의 이행 발전에 많은 기여를 했으며 그로부터 100년 후 인공지능의 아버지라고 불리는 앨런 튜링의 논문 〈컴퓨터 기계와 지능〉에서 에이다 러브레이스의 업적이 언급된다.

에이다 러브레이스는 찰스 배비지와 협력하여 해석기관 연구에 참여했다. 에이다 러브레이스는 해석기관 연구에 참여해 스승이던 드 모르간에게 배웠던 기호논리학을 해석기관에 적용시켰다. 그중에는 해석기관에 대한 마지막 단계인 베르누이 수 계산에 대해 에이다가 명령문을 사용하여 해석기관의 프로그래밍을 자세히 기록한 것들이 있는데 이것이 최초의 프로그램이다.

당시 에이다 러브레이스는 자신이 개발한 프로그래밍을 보며 언젠가는 기계가 스스로 음악을 작곡하고 그래픽 작업에도 쓰이게 될 것을 예견했다고 한다.

에이다 러브레이스는 최초로 컴퓨터 프로그래밍을 고안했다.

미국 국방성은 1979년에 에이다 러브레이스의 이름을 따서 컴퓨터 언어의 명칭을 에이다[ADA]로 했으며, 군용기 항공전자공학, 항공 교통 관제, 철도 선로 배정 등을 비롯해 실시간 어플리케이션에 사용하고 있다.

지금의 세상을 만드는 데 에이다는 큰 기여를 한 것이다.

프로그래밍은 예술부터 학문, 공업, 사회관계망까지 다양한 수학, 과학과 결합되어 활용 가치가 높으며 미래사회에서는 더더욱 그 쓰임이 커질 것이다.

항공 교통관제.

그래픽으로 작업한 프랙탈 아트.

신디사이저.

철도 선로.

프로그래밍은 분야에 상관없이 다양하게 이용되며 세상을 변화시키고 있다.

61 테일러 급수

: 어려운 곡선을 쉬운 직선으로 이해하기

테일러 급수는 미분이 가능한 함수를 다항식으로 전개하여 나타낸 것이다. 그리고 테일러 급수에 의해 복잡한 함수의 값을 직접 구하기는 어렵기 때문에 근사식으로 나타내어 근삿값을 구하게 된다. 테일러 급수는 멱급수의 일종이다.

테일러 급수는 뉴턴의 후계자로 불리던 브룩 테일러[Brook Taylor, 1685~1731]가 발견한 정리로, 스코틀랜드의 수학자인 제임스 그레고리[James Gregory, 1638~1675]가 먼저 일부 형태를 먼저 연구했으나 테일러가 이를 정리하여 발표하면서 테일러 급수로 부르게 되었다.

테일러 급수는 다음처럼 나타낸다.

$$f(x) = f(a) + f'(a)(x-a) + \frac{f''(a)}{2!}(x-a)^2 + \frac{f'''(a)}{3!}(x-a)^3 + \cdots$$

$$+ \frac{f^{(n)}(a)}{n!}(x-a)^n + \cdots = \sum_{n=0}^{\infty} \frac{f^{(n)}(a)}{n!}(x-a)^n$$

테일러의 급수 중에서 사인^{sine} 함수를 나타낸 것은 다음과 같다.

$$\sin x = x - \frac{x^3}{3!} + \frac{x^5}{5!} - \frac{x^7}{7!} + \frac{x^9}{9!} - \cdots = \sum_{n=0}^{\infty} \frac{x^{2n+1}}{(2n+1)!}(-1)^n \quad (\text{단} -\infty < x < \infty)$$

오일러는 테일러의 정리를 이용하여 오일러의 공식을 유도했다. 이는 다음과 같다.

$$e^{ix} = \cos x + i \sin x$$

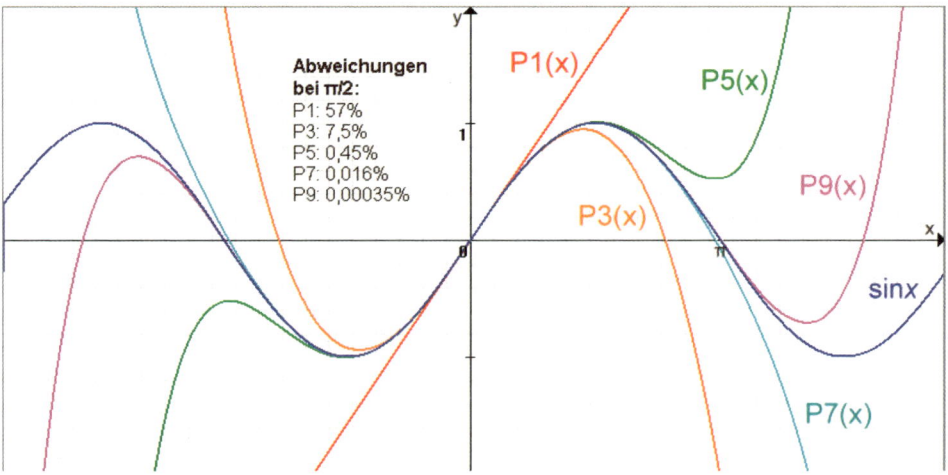

테일러 급수를 활용한 함수의 예.

또한 이 공식에서 x에 π를 대입하여 만든, 세상에서 가장 아름다운 수식으로 꼽히는 오일러 등식은 다음과 같다.

$$e^{i\pi}+1=0$$

테일러 급수는 삼각함수와 지수함수, 로그함수 등에 관한 근사식으로 활용되면서 해석학*의 발전에 영향을 주며 다양한 과학 분야 발전에 큰 영향을 미쳤다.

해석학: 어떤 것을 해석하는 작업으로 해석의 대상이나 해석의 과제에 따라 다양하게 규정한다.

62 이집트의 분수

: 공평하게 나누고 싶었던 고대인의 지혜

이집트는 상형문자를 이용해 분수 계산을 했다. 다만 현재와 다른 것은 단위분수를 이용하여 분수의 합과 차를 나타내어 한계가 있었으며 통분이나 약분으로 한 분수 계산도 아니었다. 그럼에도 수학 문헌 자료에는 중요한 수체계로 평가받는다.

예를 들어 $\dfrac{3}{5} = \dfrac{1}{2} + \dfrac{1}{10}$ 같은 분수의 합을 살펴보자.

분자에 1이 있는 분수가 단위수인데, 분수의 합을 두 개의 단위 분수의 합으로 나타낸 것이다. 또한 3개 이상의 단위 분수의 합으로도 분수를 나타내기도 한다.

분수의 차도 단위분수를 이용해 나타냈으며, 단위 분수는 호루스의 눈을 상징으로 표현했다.

호루스가 새겨진 이집트 벽화.

이집트의 전설에 따르면 호루스는 위대한 파라오 오시리스와 아름다운 여신 이시스 사이에서 태어난 아들이다.

눈 밑으로 나온 선은 매의 깃털을 의미하며, 인간의 눈 모양으로 이집트인에게는 수호 상징과 건강에 대한

호루스의 눈.

부적이 되었다. 호루스 문양은 근동지역에서 뱃머리의 문양으로도 사용되며, 파라오의 왕권을 보호하는 수호의 상징으로 이집트의 장례식에서 미라가 착용하는 귀금속에도 새겨졌다. 호루스의 눈 전체는 1이며 이 1은 어떤 사물이 가

득 찬 상태를 의미한다.

　호루스의 눈은 분자가 1인 단위분수가 6개로 이루어져 있다. 큰 순서대로 $\frac{1}{2},\ \frac{1}{4},\ \frac{1}{8},\ \frac{1}{16},\ \frac{1}{32},\ \frac{1}{64}$ 을 나타낸다.

　$\frac{1}{2}+\frac{1}{4}+\frac{1}{8}+\frac{1}{16}+\frac{1}{32}+\frac{1}{64}$ 을 모두 더하면 $\frac{63}{64}$ 이다. 이는 1에서 $\frac{1}{64}$ 이 모자른 분수인데, 그 $\frac{1}{64}$ 은 이집트인들은 지식과 달의 신인 토트가 채워준다고 믿었다.

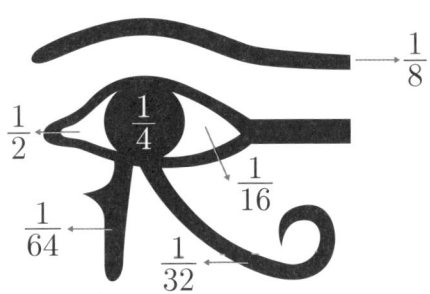

　호루스의 눈은 이집트의 분수체계를 보여주는 상징으로, 후대의 부분분수분해와 분수방정식에 영향을 주었다.

　우리가 설문이나 분석에 사용하는 원그래프나 띠그래프처럼 전체에서 부분이 차지하는 비율을 보여주는 방식도 분수의 개념이 녹아 있는 것이다.

63 기술통계학

: 흩어진 데이터에서 의미 있는 한 줄 찾기

통계학은 인류의 문자와 숫자의 발견과 함께 시작한다. 가장 오래된 통계의 기록은 고대 수메르인이 살던 남부 메소포타미아에서 발견되었다. 고고학자들의 조사와 분석에 따르면 기원전 3100년경에 양이나 염소, 노예들의 형상 및 숫자가 점토판에 쐐기문자로 세겨져 있었는데, 이는 신전이나 왕궁에 헌사할 물건의 숫자를 파악한 최초의 통계 자료로 보고 있다.

또 다른 자료로는 고대 로마에서 징세를 위해 감찰관이 했던 인구조사가 있다. 인구조사를 뜻하는 센서스(census)라는 말은 로마시대의 감찰관(censor)에서 유래했다. 성경 중 민수기에도 인구조사를 한 기록이 있다.

레위 자손 인구 조사

14 여호와께서 시내 광야에서 모세에게 말씀하여 이르시되

15 레위 자손을 그들의 조상의 가문과 종족을 따라 계수하되 일 개월 이상된 남자를 다 계수하라

16 모세가 여호와의 말씀을 따라 그 명령하신 대로 계수하니라

17 레위의 아들들의 이름은 이러하니 게르손과 고핫과 므라리요

18 게르손의 아들들의 이름은 그들의 종족대로 이러하니 립니와 시므이요

19 고핫의 아들들은 그들의 종족대로 이러하니 아므람과 이스할과 헤브론과 웃시엘이요

20 므라리의 아들들은 그들의 종족대로 말리와 무시이니 이는 그의 종족대로 된 레위인의 조상의 가문들이니라

21 게르손에게서는 립니 종족과 시므이 종족이 났으니 이들이 곧 게르손의 조상의 가문들이라

22 계수된 자 곧 일 개월 이상 된 남자의 수효 합계는 칠천오백 명이며

23 게르손 종족들은 성막 뒤 곧 서쪽에 진을 칠 것이요

24 라엘의 아들 엘리아삽은 게르손 사람의 조상의 가문의 지휘관이 될 것이며

25 게르손 자손이 회막에서 맡을 일은 성막과 장막과 그 덮개와 회막 휘장 문과

26 뜰의 휘장과 및 성막과 제단 사방에 있는 뜰의 휘장 문과 그 모든 것에 쓰는 줄들이니라

27 고핫에게서는 아므람 종족과 이스할 종족과 헤브론 종족과 웃시엘 종족이 났으니 이들은 곧 고핫 종족들이라

28 계수된 자로서 출생 후 일 개월 이상 된 남자는 모두 팔천육백 명인데 성소를 맡을 것이며

29 고핫 자손의 종족들은 성막 남쪽에 진을 칠 것이요

30 웃시엘의 아들 엘리사반은 고핫 사람의 종족과 조상의 가문의 지휘관이 될 것이며

31 그들이 맡을 것은 증거궤와 상과 등잔대와 제단들과 성소에서 봉사하는 데 쓰는 기구들과 휘장과 그것에 쓰는 모든 것이며

32 제사장 아론의 아들 엘르아살은 레위인의 지휘관들의 어른이 되고 또 성소를 맡을 자를 통할할 것이니라

33 므라리에게서는 말리 종족과 무시 종족이 났으니 이들은 곧 므라리 종족들이라

34 그 계수된 자 곧 일 개월 이상 된 남자는 모두 육천이백 명이며

35 아비하일의 아들 수리엘은 므라리 종족과 조상의 가문의 지휘관이 될 것이요 이 종족은 성막 북쪽에 진을 칠 것이며

36 므라리 자손이 맡을 것은 성막의 널판과 그 띠와 그 기둥과 그 받침과 그 모든 기구와 그것에 쓰는 모든 것이며

37 뜰 사방 기둥과 그 받침과 그 말뚝과 그 줄들이니라

38 성막 앞 동쪽 곧 회막 앞 해 돋는 쪽에는 모세와 아론과 아론의 아들들이 진을 치고 이스라엘 자손의 직무를 위하여 성소의 직무를 수행할 것이며 외인이 가까이 하면 죽일지니라

39 모세와 아론이 여호와의 명령을 따라 레위인을 각 종족대로 계수한즉 일 개월 이상 된 남자는 모두 이만 이천 명이었더라

우리나라에서도 현존하고 있는 신라시대 자료인 〈민정문서〉에 인구, 사회, 경제를 파악한 통계자료가 기록되어 있다.

이와 같은 예에서 알 수 있듯 과거에는 병역 차출과 세금을 징수하기 위해 인구조사를 하는 경우가 많았던 것으로 보인다. 이는 점차 국가의 중대사가 걸린 정책을 위해서 통계를 확장하여 이용했다.

근대 통계학의 시초인 기술통계학은 영국의 사회통계학자인 존 그랜트^{John Graunt, 1620~1674}가 시작했다. 17세기에 들어서 본격적으로 통계학이 연구되기 시작했지만 당시 사회에서는 단순한 기록으로 존재하는 통계표가 있을 뿐이었다.

존 그랜트가 경제학자이자 통계학자인 페티^{William Petty, 1623~1687}와 함께 관련연구를 발전시킨 《사망표에 관한 자연적 및 정치적 제관찰》(1662)은 근대 통계학의 초기 대표 문헌이다. 이 문헌에는 남녀의 성비, 출생자와 사망자의 수 파악, 연도, 지역, 계절에 따른 실태 파악, 사망원인과 전염병의 종류와 영향 등의 통계 분석과 기록이 실려 있다. 이 자료는 영국의 런던을 기준으로 당시 남아가 여아보다 더 많이 태어나며, 여성이 남성보다 장수한다는 통계적 분석결과를 비롯하여 인구 현상에 대한 여러 가지 사실과 다양한 분석과 해석도 가능하게 했다.

이 후에 기술통계학은 인구센서스 조사. 실업률, 조세, 화폐 정책, 보험 정책 등에 관한 통계학을 다루는 중요한 수학의 학문 분야가 된다.

그리고 현대사회는 학문부터 정책, 마케팅까지 통계가 지배하고 있다.

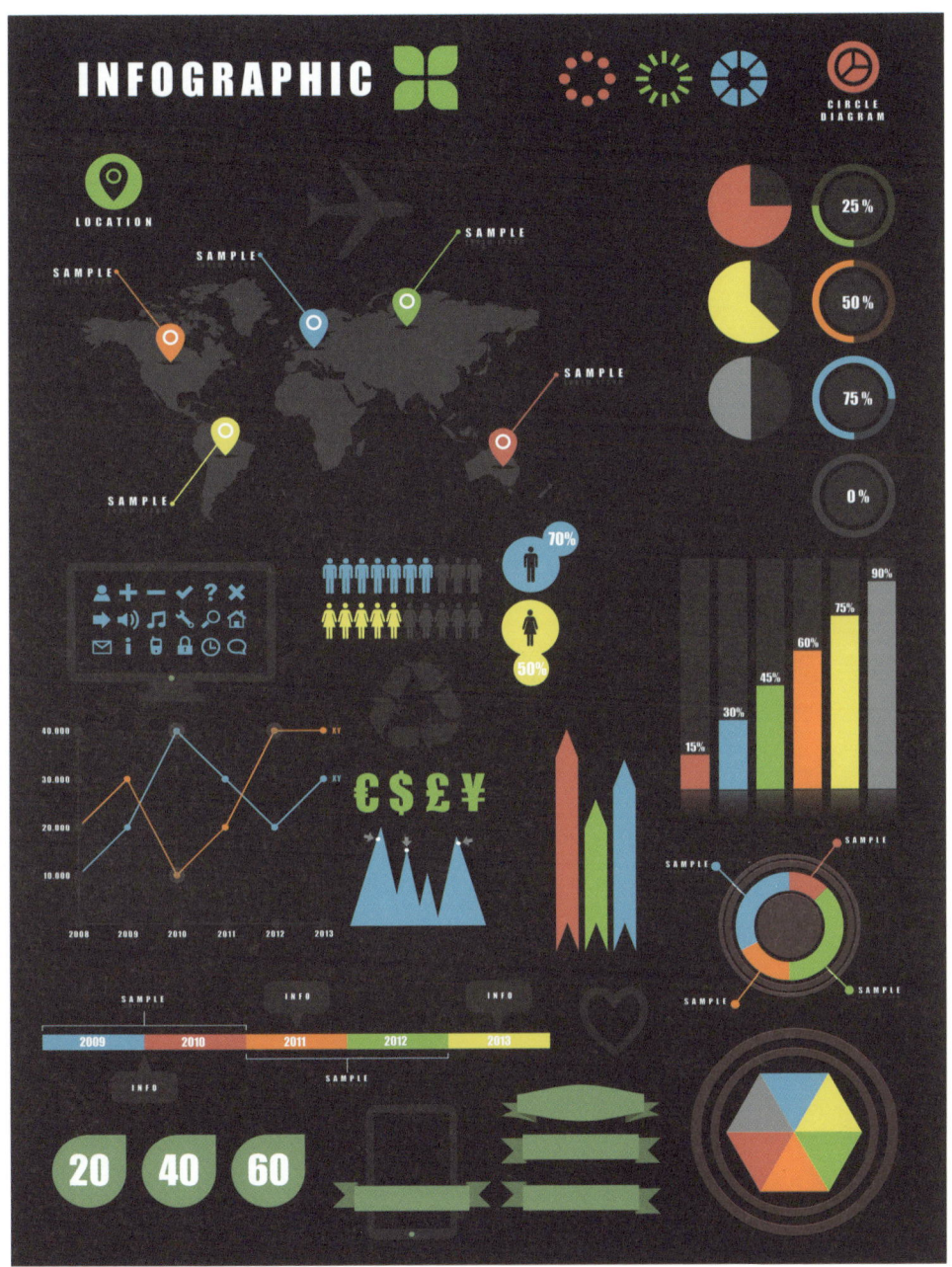

다양한 형태의 통계 그래프 이미지. 기술통계학은 인터넷 사회가 된 현대사회로 갈수록 더 다양한 분야와 결합해 연구되고 있다.

64 집합론

: 모든 수학적 사고가 담기는 가장 큰 그릇

독일의 수학자 칸토어Georg Ferdinand Ludwig Philipp Cantor, 1845~1918는 현대 수학의 기초가 되는 집합론을 개발했다. 집합은 대상이 명확한 것들의 모임으로 정의하고, 집합론을 추상적이 아닌 논리적이며 수학적인 학문으로 정립하기도 했다.

부분은 전체집합보다 클 수 없고 작거나 같을 수 있다는 것이 집합의 기본 성질이며 19세기 말에 수학 학계에 매우 큰 폭풍을 몰고 온 이론이 되었다.

무한집합의 원소의 개수를 세는 것은 불가능해 보인다. 그런데 아무리 생각해 봐도 끝이 없을 것 같은 무한이라는 개념에서 무한한 원소의 개수를 비교하기 위해 착안한 방법이 일대일대응으로 접근한 집합론이다. 칸토어는 자연수 집합은 유리수 집합의 부분집합 사이에 일대일대응이 성립하므로 두 집합의 개수가 무한대로 같다고 본 것이다. 그리고 유리수의 집합과 실수의 집합 상호 간에는 일대일대응이 성립하지 않아서 실수 집합의 원소의 개수는 유리수 집합의 원소의 개수보다 많다는 결론을 내린다.

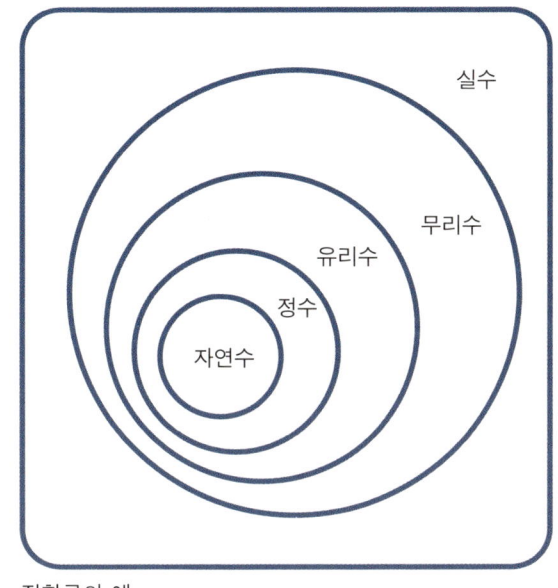

집합론의 예.

칸토어의 집합론이 등장하기 이전에 수학은 정수론과 기하학이 수학의 대부분을 차지하고 있었으며 그 분야만 양적, 질적으로 활발하게 연구가 진행되었다. 그러나 칸토어가 집합론을 들고 나오자 무한대의 확장과 해석학에 큰 변화가 왔다. 따라서 20세기 이후에는 정수론과 기하학 뿐 아니라 여러 수학 분야에서 집합론이 기초적인 도구로 활용되었다.

현재 집합론은 수학자들의 관심과 연구 끝에 비약적 발전을 하며 함수의 구조를 설명할 때 중요하게 사용되고 있다. 정의역, 공역, 치역, 단사함수, 전사함수, 일대일대응 관계를 나타내는 전단사함수 등에 대한 증명과 정리에 집합론을 사용하기 때문이다. 컴퓨터 공학과 원자력 공학에서도 집합론은 중요한 수학적 도구로 활용된다.

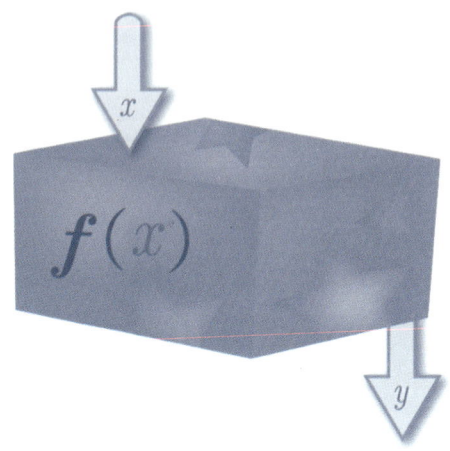

함수는 x를 넣으면 y가 나오는 기계를 상상하면 된다.

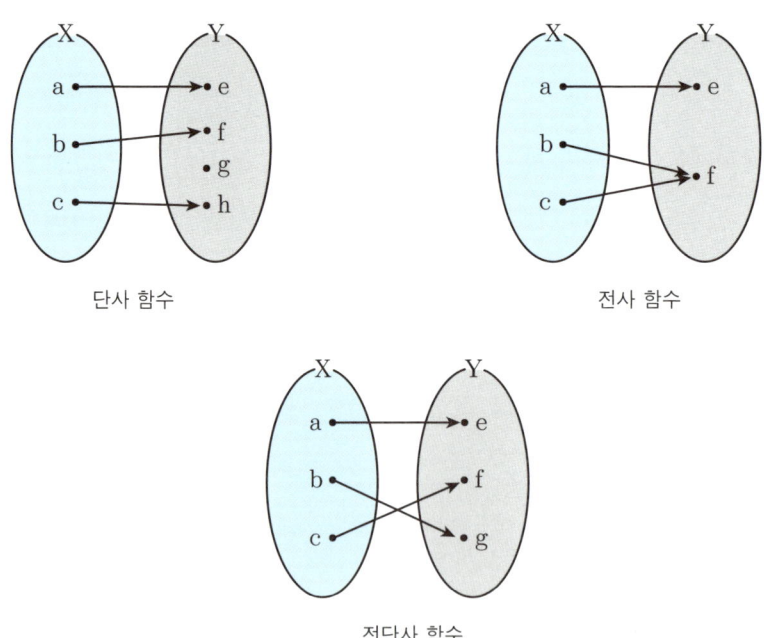

단사 함수

전사 함수

전단사 함수

65 러셀의 역설

: 완벽한 논리 체계에 던져진 날카로운 질문

수학자이자 철학자, 수리논리학자, 역사가이자 사회비평가인 버트런드 러셀^{Bertrand Russell, 1872~1970}은 '머리가 가장 좋을 때는 수학자였고 머리가 나빠지자 철학자가 되었으며 철학도 할 수 없을 만큼 머리가 나빠졌을 때는 평화운동가가 되었다'고 자평했다. 다양한 분야의 학문을 연구했던 그는 수학자로서도 많은 업적을 남겼는데 그중 가장 유명한 것이 집합론을 수정하게 만든 러셀의 역설이다.

이발사의 역설이라고도 불리는 러셀의 역설은 다음과 같다.

버트런드 러셀.

스스로 이발을 하지 않는 사람은 내가 이발을 해주겠다.

스스로 이발을 하는 사람은 이발을 해주지 않겠다.

이는 스스로 이발을 하는 사람과 하지 못하는 사람들에게 이발을 해주느냐 아니냐의 명제로 단순하다. 그러나 이발사를 두고 볼 때 이 명제는 복잡해진다.

이발사 자신이 스스로 이발을 한다면 '스스로 이발하는 사람에게는 이발을 해주지 않겠다'는 규칙에 어긋나므로 모순이다. 또 자신이 이발을 하지 않는다면 이발사도 스스로 이발을 하지 않는 자들의 집합에 속하므로 모순에 속한다.

이처럼 러셀의 역설은 칸토어의 집합론의 한계를 지적하면서 논리학을 중점으로 연구하는 수학자들에게 수많은 과제를 남겼다.

이발사는 과연 어디에 속할까?

논리학에 관한 의문의 실마리가 풀릴 때까지 학문에 대한 열정을 더해준 것이다.

또한 러셀의 역설은 현대 컴퓨터의 과학적 논리적 기초 발전에 중요한 계기가 되었다.

러셀의 제자였던 철학자 비트겐슈타인은 생전에 출판한 유일한 저서인 《논리철학논고》에서 언어와 논리의 한계를 탐구하며 러셀을 포함한 초기 분석철학과 맥락을 공유하는 독자적인 해석을 제시했다.

러셀이 남긴 수학적 업적뿐만 아니라 사회·문화적 업적은 수많은 학자들에게 영감을 주면서 우리의 삶에도 영향을 미치고 있다. 그의 저서 《서양철학사》와 《철학이란 무엇인가》는 특히 잘 알려져 있다.

66 십진법

: 열 손가락에서 시작된 인류 공용어

십진법은 숫자 10을 한 묶음으로 삼아 수를 나타내는 방법이다. 값이 10배가 될 때마다 자릿수가 하나씩 위로 올라가는 성질을 갖고 있다. 열 개의 손가락을 사용해 셈을 하는 십진법의 기록은 기원전 이집트에서 찾아볼 수 있다. 또한 6~8세기 인도와 아랍인들에 의해 체계가 잡히기 시작해 인도-아라비아 숫자의 사용으로 더욱 널리 전파되었으며, 중국에서도 십진법을 사용하기 시작했다. 1940년대의 에니악 컴퓨터는 초기에 이진법 대신 십진법을 사용하기도 했다.

십진법은 분수에도 적용하는데, 약분해서 2 또는 5만 있으면 유한소수이며, 그 외에 소인수가 있으면 무한소수이다. $\frac{1}{10}$은 분모가 $\frac{1}{2 \times 5}$로 이루어져 있으므로 유한소수 0.1이다. 그러나 $\frac{1}{3}$은 분모에 2 또는 5가 없으므로 0.3333…으

우리는 물건을 사고 팔고 더하고 뺄 때 십진법을 이용해 편하게 계산할 수 있다.

로 무한소수가 된다. 이는 십진법이 분수를 포함한 유리수에서 유한소수와 무한소수의 분류에 쓰인 예이다. 이를 통해 십진법이 유리수의 연구에 사용한 것을 알 수 있다. 뿐만 아니라 지수법칙도 십진법에 의해 개발했고, 백분율(%)도 십진법이 기준이기 때문에 나타낼 수 있는 것이다.

10의 거듭제곱을 이용하여 큰 수나 작은 수를 간단히 나타내는 예도 많다. 9100000은 9.1×10^6으로 나타낸다. 또는 91×10^5으로 나타내기도 한다. 10의 거듭제곱 앞에 곱하는 숫자를 어떤 자릿수로 기준을 정하느냐에 따라 달리 표현할 수 있는 것이다. 0.0000000078도 78×10^{-10}으로도 나타낼 수 있다.

또한 십진법의 연산은 다른 진법에 비해 덧셈, 뺄셈, 곱셈, 나눗셈이 비교적 간단하다. 특히 덧셈과 뺄셈의 받아올림과 받아내림이 익숙해 이해하기 쉽다.

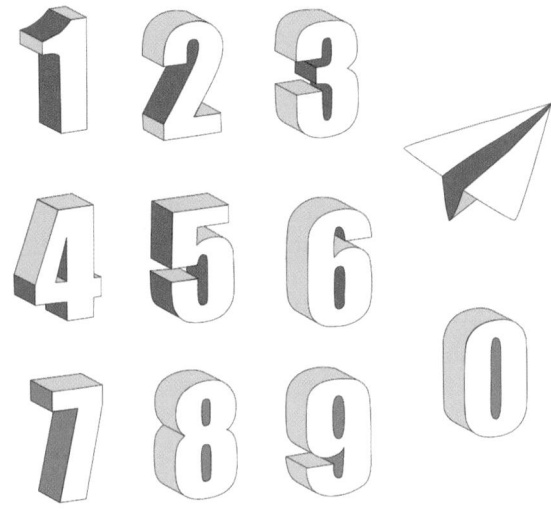

　십진법은 킬로미터부터 나노미터에 이르기까지 10진법의 영향을 받은 측정 단위의 바탕이 된다. 뿐만 아니라 거대한 숫자를 더 단순하게 표현할 수 있도록 해줌으로써 물리학과 천문학과 같은 기초과학부터 실생활까지 다양한 분야에 큰 영향을 주었다.

　우리가 살고 있는 세상을 더 편리하게 해준 수학적 발견에 십진법도 당당하게 이름을 올릴 자격이 있는 것이다.

　십진법을 이용해 보다 간편해진 물리학과 천문학의 단위표를 소개하면 다음과 같다.

물리학과 천문학의 단위표

길이

- 1 inch=2.54 cm
- 1 mile=1.6 km
- 1 km=1000m
- 1 m=100 cm=1000mm=10^9 nm
- Planck Legnth=1.616252×10^{-35}m=sqrt (hbar G/c^3)
- Classical Electron Radius=2.81794×10^{-15}m=e2/m$_e$c^2
- Proton Radius=0.83×10^{-15}m=0.83 femtometer=0.83×10^{-13}cm
- 1 Angstrom=10^{-10}m=10^{-8}cm
- 1 Earth Radius=6.37814×10^8cm=6.37814×10^6m (Equatorial)
- 1 Jupiter Radius=7.1492×10^9cm=7.1492×10^7m (Equatorial)
- 1 Solar Radius=6.9599^{10}cm=6.9599×10^8m (Equatorial) : 태양의 반지름
- 1 Moon's Mean Orbital Radius=384,400 km=3.8440×10^8m
- 1 AU=1.4960×10^{11}m=1.4960×10^8km (Astronomical Unit) : 태양과 지구의 평균거리
- 1 ly=9.4605×10^{15}m=9.4605×10^{12}km (light year)
- 1 pc=3.0857×10^{16}m=3.0857×10^{13}km=3.261633 ly=206264.806 AU (parsec)=3.0857×10^{18}cm
- 1 Mpc=106pc (Megaparsec)=3.0857×10^{24}cm
- DH=c/H0=3000 h−1 Mpc=9.26×10^{27}h^{-1}cm (The Hubble Scale)

각도

- 1°=1 degree=60'=60 arcminutes
- 1'=60"=60 arcseconds
- 1 radian=360° /2 pi=57.2957795131°=206264.806"
- Area of a Sphere=41252.96124 square degrees=4 pi Steradians

질량

- 1 amu=1.6605402×10^{-24}gram=1.6605402×10^{-27}kg
- 1 amu c^2=931.49432 MeV
- 1 Hydrogen Atom Mass=1.007825 amu=1.673534×10^{-24}gram
- 1 Helium 4 Atom Mass=4.00260325415 amu
- 1 Carbon 12 Atom Mass=12.0000000 amu
- 1 Proton Mass=1.6726231×10^{-24}gram
- 1 Neutron Mass=1.674920×10^{-24}gram
- 1 Electron Mass=9.1093897×10^{-28}gram
- 1 kg=2.20462 lb
- 1 Solar Mass=1.989×10^{33}gram=1.989×10^{30}kg
- 1 Jupiter Mass=1.899×10^{30}gram=1.899×10^{27}kg
- 1 Earth Mass=5.9736×10^{27}gram=5.9736×10^{24}kg
- 1 Lunar Mass=7.3477×10^{25}gram=7.3477×10^{22}kg
- (Proton Mass)/(Electron Mass)=1836.15
- Earth's Mean Density=5515.3 kg/m^3
- Moon's Mean Density=3346.4 kg/m^3

시간

- 1 Planck Time=5.39124×10^{-44}s=sqrt (hbar G/c^5)
- 1 Sidereal Day=23h56m04.09054s
- 1 Solar Day=24h=86400 s
- 1 Sidereal Year=3.155815×10^7s
- 1 Tropical Year=3.155693×10^7s

에너지

- 1 Joule=2.39×10^{-1}calorie
- 1 Joule=10^7ergs
- 1 eV=1.602177×10^{-12}erg=1.602177×10^{-19}Joule
- 1 Solar Luminosity=3.826×10^{33}ergs/s=3.826×10^{26}Joules/s=3.826×10^{26}Watts
- Sun's Absolute Magnitude V=4.83, B=5.48, K=3.28
- Vega's Absolute Magnitude V=0.58, B=0.58, K=0.58

온도

- Solar Surface Effective Temperature=5770 K

물리상수

- Avogadro's Number=NA=6.0221367×10^{23}/mole
- Gravitational Constant=G=6.67259×10^{-8}cm^3 gram^{-1}s^{-2}=4.301×10^{-9} km^2 Mpc MSun^{-1}s^{-2}
- Planck's Constant=h=6.6260755×10^{-27}erg s
- Speed of Light=c=2.99792458×10^{10} cm s^{-1}=2.99792458×108m s^{-1}
- Boltzmann's Constant=k=1.380658×10^{-16}erg K^{-1}
- Stefan−Boltzmann Constant=&sigma=5.67051×10^{-5}erg cm^{-2}K^{-4}s^{-1}
- Radiation Density Constant=a=7.56591×10^{-15}erg cm^{-3}K^{-4}
- Rydberg=RH=1.09677585×10^5cm^{-1}
- Electron charge=e=4.8032×10^{-10}esu=1.6022×10^{-19} Coulomb
- 1 Coulomb=6.24151×10^{18}e

출처: https://www.cfa.harvard.edu/~dfabricant/huchra/ay145/constants.html

67 파스칼의 삼각형

: 단순한 덧셈이 만든 거대한 규칙의 피라미드

파스칼의 삼각형은 숫자를 삼각형 형태로 배열한 것이다. 이항식의 전개를 통하여 파스칼의 삼각형을 만들 수 있다. $a+b$의 거듭제곱을 이용하여 하나씩 만들어 보는 것이다. $(a+b)^0=1$, $(a+b)^1=a+b$, $(a+b)^2=a^2+2ab+b^2$, …으로 전개해보면 아래 삼각형 모양으로 나타낼 수 있다.

$$(a+b)^0 = 1$$
$$(a+b)^1 = a+b$$
$$(a+b)^2 = a^2+2ab+b^2$$
$$(a+b)^3 = a^3+3a^2b+3ab^2+b^3$$
$$(a+b)^4 = a^4+4a^3b+6a^2b^2+4ab^3+b^4$$
$$(a+b)^5 = a^5+5a^4b+10a^3b^2+10a^2b^3+5ab^4+b^5$$
$$\vdots \qquad\qquad \vdots$$

이에 대해 문자 앞의 상수인 계수를 표기하여 파스칼의 삼각형으로 나타내면 다음과 같다.

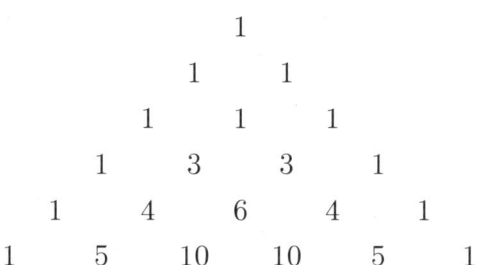

여기서 맨 윗 숫자인 1이 가장 위에 있으면 아래로 내려가면서 바로 위의 두 숫자의 합을 아래에 적는 것이 규칙이다. 바깥쪽의 1은 양 옆으로 하나씩 써내려간다. 이를 통해 파스칼의 삼각형은 좌우대칭의 모양을 이루게 된다.

파스칼의 삼각형은 중국 및 이슬람에서도 오래 전부터 알려져 있었지만, 서양 수학에서 체계적으로 정리를 발표한 수학자는 파스칼[Blaise Pascal, 1623~1662]이다.

파스칼의 삼각형은 프랙탈 구조를 시각화하거나 증명할 때에도 많이 사용한다.또한 확률론의 기초가 되는 조합을 설명하는 데에도 유용하게 쓰인다.

파스칼.

스테인드글라스로 표현된 프랙탈.

자연에서 볼 수 있는 프랙탈.

컴퓨터 그래픽으로 구현한 프랙탈.

68 등호

: 좌우의 균형이 완벽함을 선언하는 기호

수학적 약속으로 '두 양 또는 두 식의 값이 서로 같다'는 기호로 등호가 있다. 등호는 =를 사용해 나타낸다. 등호를 기준으로 좌변과 우변이 나뉘는데, 좌변과 우변에는 미지수, 숫자를 기입한다. 등호는 문자와 변수로 된 수식을 서로 연결하여 등식을 만들어주는 도구인 것이다.

등호는 영국의 의사, 과학자, 수학자인 로버트 레코드Robert Recorde, 1512~1558가 1557년 발표한 〈지식의 숫돌〉에서 최초로 사용했다.

두 개의 평행선의 너비는 항상 같다는 의미로 사용된 등호의 기호는 처음에는 ═ 처럼 길

였으나 점차 = 모양으로 나타내게 되었다. 다른 수학자에 의해 지금은 도형 또는 선분끼리 평행을 나타내는 기호 //가 등호로 사용될 뻔하기도 했다. 그중에는 등호에 관한 후보군으로 기호 (:도 있었다.

로버트 레코드.

17세기에 이르러 등호 =는 모든 수학에 공통으로 사용하기 시작했으며, 방정식의 연구가 활발해지면서 더욱 확고히 사용하게 되었다. 코딩에서는 등호 =를 두 번 사용한 ==이 등호의 의미이다. 기하학에서 도형에 등호를 사용하면 합동이 아니라 넓이나 부피가 같다는 의미가 된다.

등호의 발견으로 간단한 사칙연산부터 복잡한 방정식과 함수 등을 수월하게 계산할 수 있게 된 것은 수학사에 기록될 만한 업적이다. 뿐만 아니라 우리 삶에서도 등호는 요긴하게 쓰이고 있다. 우리가 하는 모든 상업적 행위는 등호를 기본으로 이루어진다. 서로가 서로에게 =이 되는 것을 기준으로 움직이고 있는 것이다. 그걸 기호 하나로 이해시킬 수 있게 된 것이니 등호가 얼마나 중요한 발견이었는지 납득하게 될 것이다.

69 페르마 소수

: 수학자들이 평생을 바쳐 찾는 희귀한 보석

페르마 소수는 $F_n=2^{2^n}+1$ 형태로 나타내는 소수이다. n은 0 부터 대입하여 보면 $F_0=3$, $F_1=5$, $F_2=17$, $F_3=257$, $F_4=65537$로 5개가 있다. F_5는 큰 수이지만 소수가 아니다. 아직까지 F_4를 초과하는 페르마 소수는 밝혀지지 않았다.

페르마 소수는 정다각형의 작도에 사용하는 숫자라는 점에서 중요한 수이다. 즉 정삼각형, 정오각형, 정십칠각형, 정이백오십칠각형, 정육만오천오백삼십칠 각형은 작도가 가능한 것이다. 이는 컴퍼스와 눈금 없는 자로 그릴 수 있다는 의미이다.

가우스는 19살인 1796년에 정십칠각형을 작도했다. 정십칠각형은 변의 수가 17개이므로 많고 내각이 열일곱 개이므로, 원에 근사한 정다각형이지만 변으로 둘러싸인 모양을 감지할 수 있다. 정십칠각형에 관한 작도는 5년 후인 1801년 〈산술논고〉에 수록되었다.

유클리드는 정오각형의 작도 이후 정십칠각형에 대한 작도를 하지 못했다. 그래서 19세의 가우스는 유클리드가 정십칠각형의 작도를 하지 못했다는 것에 놀라움을 감추지 못했다고 한다. 2000여 년 동안 정십칠각형의 작도법에 대한 논문이나 방법서가 없는 것을 의아해한 것이다.

정십칠각형 작도법의 발견이 자랑스러웠던 가우스는 석공에게 자신이 죽으면 정십칠각형 비석을 만들어줄 것을 요청했지만 석공은 완성해도 원처럼 보이기 때문에 거절했다고 한다.

가우스.

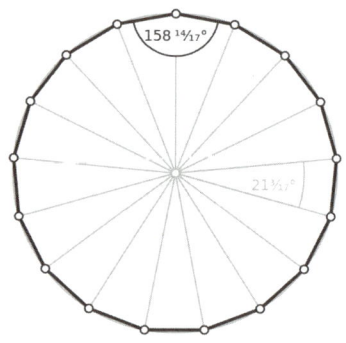

정십칠각형.

그 후 정이백오십칠각형과 정육만 오천오백삼십칠각형도 작도법이 뒤늦게 공개되었는데 두 정다각형을 작도하면 원과 거의 차이가 없는 원형의 모습을 보인다. 변의 수가 매우 많기 때문에 작도를 하더라도 변의 수를 인지하기 어려울 정도이며, 넓이를 구해도 원의 넓이에 근사한다.

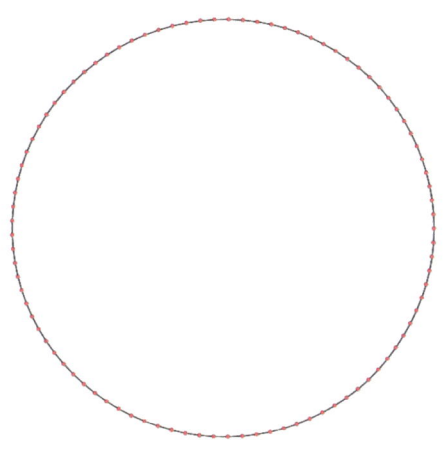

정구십삼각형. 이 도형을 보면 알 수 있듯 정다각형이 정교해질수록 원에 가까운 모습이 된다.

페르마 소수의 쓰임새는 다각형의 작도에만 한정된 것은 아니다. 인터넷에서 데이터 전송, 보관 또는 재조합, 암호화에서 사용하기도 한다.

IT 세계에서는 데이터 전송, 보관, 암호화 등이 전 세계적으로 쉼없이 이루어지고 있다.

70 군론

: 형태는 달라도 대칭의 원리는 하나

유럽의 수학자들은 오차방정식의 근을 구하기 위해 이차방정식의 근의 공식부터 대칭이라는 관점에서 접근했다. 이차방정식에서 근의 공식이 유리수와 무리수로 이루어진 것에 초점을 맞춘 것이다.

이차방정식을 두 근이 서로 자리를 바뀌어도 식의 값이 변하지 않는 '대칭적 성질'에 주목하면서, 수학자들은 5차방정식의 해를 구하기 위해 근들 사이의 대칭구조에 관심을 갖기 시작했다. 프랑스의 수학자 갈루아는 이 문제를 해결하기 위해 군론을 이용했다. 이것이 바로 갈루아 군이다. 갈루아는 갈루아 군을 이용해 5차 이상의 일반적인 방정식에는 근의 공식이 존재하지 않음을 증명했다.

군론은 정수론에도 나오는 단원이지만 결합법칙과 항등원과 역원의 존재에 대한 조건을 만족해야 한다.

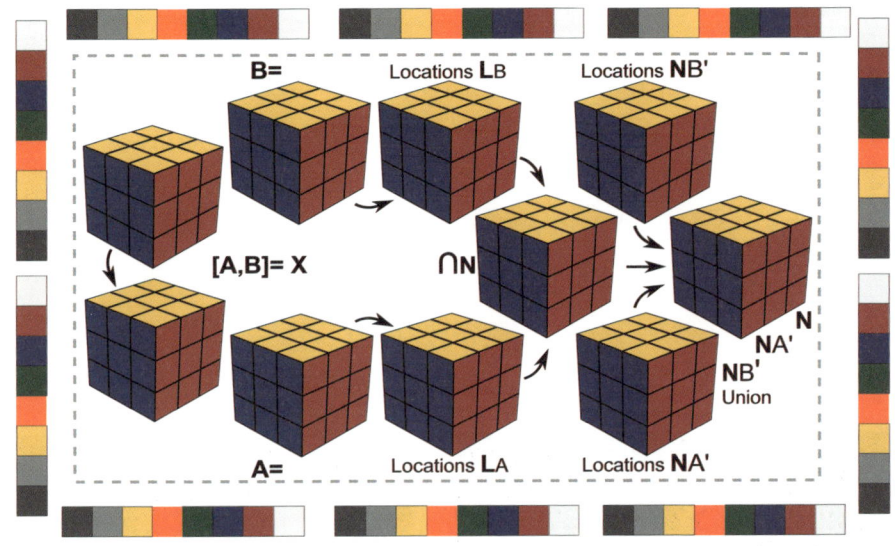

루빅스 큐브로 보는 군론.

군론과 루빅스 큐브는 움직일 때 모양은 바뀌지만 기본구조는 그대로 유지된다는 점이 같다. 따라서 일부 국가에는 루빅스 큐브를 교구로 이용해 퍼즐 조각을 맞추는 것으로 예시를 들면서 군론에 대한 수업을 진행하기도 한다.

군론은 아인슈타인의 상대성 이론을 설명하고 체계화하는데 필수적으로 이용되었으며, 과학계에도 많은 이용 가치가 있을 것으로도 추측하고 있다.

3D와 컴퓨터 그래픽에서도 군론을 확인할 수 있다. 또한 광물 결정학과 통신공학, 화학

아인슈타인.

등에도 군론이 이용되며 생활에서는 벽지의 문양 디자인 등에서는 대칭분류가 17가지 형태로 나뉜다. 뿐만 아니라 우리 몸의 뇌와 신경계의 신비를 파헤치고 치료 효과를 높일 수 있는 수학 분야로도 각광받고 있다.

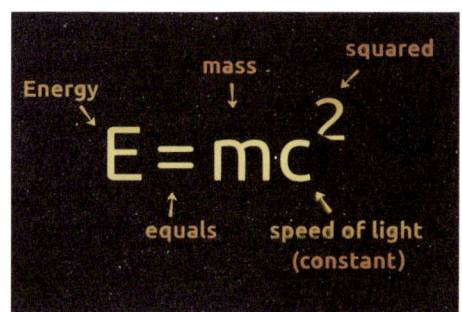

상대성이론.

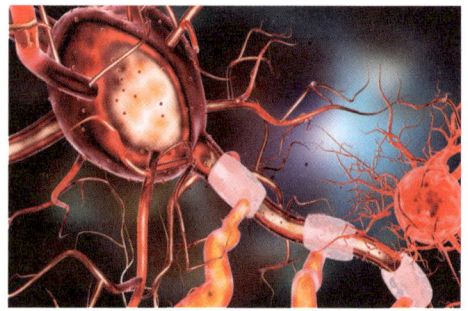

신경계 연구.

대칭성이 보이는 벽지들.

군론이 활약하는 분야는 물리학 분야를 비롯해 생물학, 광물학 등의 학문뿐만 아니라 디자인, 예술까지 다양하다.

71 도박사의 파산

: 확률을 이길 수 없음을 보여주는 냉혹한 수학

확률적으로 동일한 사건이나 시행인데도 여러 번 시행하면 자신에게 수혜가 올 것이라고 막연하게 기대할 때가 있다. 동전을 두 번 던졌더니 뒷면이 두 번 나왔으니 다음 번에는 앞면이 나올 확률이 $\frac{1}{2}$보다 더 클 것이라 생각해 앞면으로 기대하거나 1% 당첨률도 안 되는 복권을 샀는데 이번에는 당첨이 될 것이라고 생각하는 '도박사의 오류'에 빠지면, 결국 자본이 바닥나 '도박사의 파산'에 이르게 된다. 즉 독립적인 사건을 연속적인 사건으로 오인하는 것은 도박사가 저지르는 흔한 실수다.

적은 확률에 대해 커다란 기대를 걸다가 돈을 다 잃게 되는 예는 카지노에서 많이 볼 수 있다.

갈릴레오가 확률 문제를 연구한 것이 초기 확률론의 시작이며, 하위헌스

Christiaan Huygens 1629~1695가 이를 체계적으로 정리했다.

　도박의 경우도 일어날 확률은 독립적이기에 항상 게임을 할 때마다 승률은 비슷하다. 다음 차례에 지금보다 좋은 확률일 수는 없다. 도박사의 오류는 성급한 일반화의 오류를 낳을 수 있으며 우연이 필연이라고 착각하기 쉬운 이론이다. 따라서 확률론에서 모든 사건은 서로 독립적인 경우도 있고 영향을 주는 경우도 있다는 점을 생각하면, 확률의 독립성을 이해하는 것이 얼마나 중요한지 알 수 있다.

도박은 독립시행이기 때문에, 앞서 어떤 결과가 나왔든 상관없이 매회 동일한 확률이 적용된다.

　월드컵 같은 축구 경기에서도 도박사의 오류를 찾아볼 수 있다. 특히 승부차기에서 그런 예가 자주 발견된다. 상대 선수가 오른쪽으로 킥을 했는데 골키퍼가 왼쪽으로 수비를 하여 골인이 된다. 그 다음 골키퍼는 상대선수가 왼쪽으로 킥을 할 것으로 예상하여 오른쪽으로 수비하지만 그 반대였다. 이런 경우가 자주 발생한다.

　따라서 도박사의 오류는 근거 없는 낙관적 기대를 갖지 말라는 메시지를 전

월드컵 축구경기.

해준다. 즉 도박사의 오류만큼 현실적인 충고를 하고 있는 수학 발견은 없을 것이다. 잘못된 논리로 확률을 기대하면 파산한다고 경고하고 있으니 말이다. 이밖에도 도박사의 오류는 과학적 근거를 토대로 통계학을 연구하는 계기를 만들어 주기도 했다.

72 몬테카를로 시뮬레이션

: 무수한 시도가 정답에 가까워지는 과정

몬테카를로 시뮬레이션은 프로젝트의 리스크 관리 및 정량적 리스크 분석 수행에 필요한 기법이다. 명칭은 모나코의 도시인 몬테카를로에서 따왔으며, 불확실성에서 안전하게 수행하는 것을 목적으로 모의실험을 하는 것이다.

시뮬레이션의 반복 횟수가 증가할수록 모의실험에 대한 정확도는 매우 높아진다. 그리고 무작위 숫자인 난수를 발생시켜 모의실험을 한다. 각각의 확률분포를 이용하여 결과 분포를 추정하고 분석하는 기법인 것이다.

또한 그 프로젝트가 90% 정도 성공하려면 기간과 비용을 얼마 들여야 하는지도 가늠케 하는 결론을 제공한다. 경영 분석에도 매우 필요한 기법으로 볼 수 있다.

모나코의 도시인 몬테카를로의 풍경.

　모든 시뮬레이션은 컴퓨터로 빠르게 수행되며 수천 회 내지 수만 회의 시뮬레이션 결과로 의사결정을 하게 된다.

　몬테카를로 시뮬레이션은 업무 기간과 비용에 대한 예측을 효과적으로 추출해낼 수 있기 때문에 통계적 기법으로서 공학 분야뿐만 아니라 금융 상품에 대한 가치 산정 등에 폭 넓게 사용하고 있다.

　학문적으로는 수치해석학과 통계 역학, 촉매 공학, 물리학, 생물학, 반도체 공학, 조선 공학에도 적용한다.

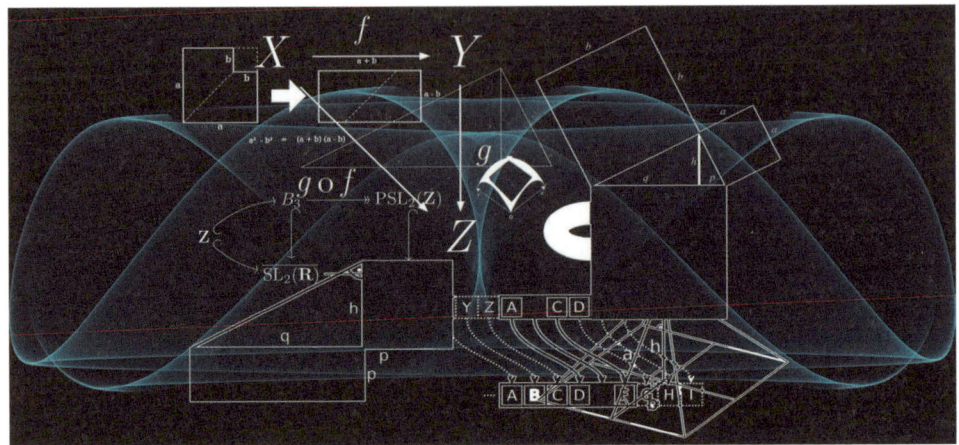

물리학의 이미지 예.

벨파스트의 할랜드 앤드 울프 조선소.

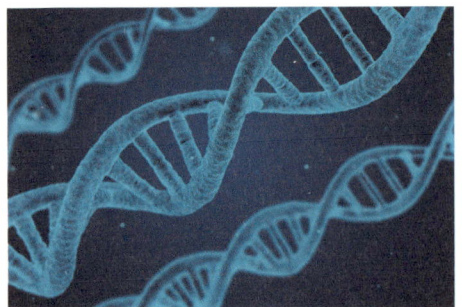

생물학, 반도체, 조선학, 통계학 등 다양한 분야에서 몬테카를로 시뮬레이션을 활용하고 있다.

73 정보이론

: GPT 시대, 데이터에 담긴 가치를 측정하다

미국의 과학자 섀넌^{Claude Shannon, 1916~2001}은 응용 수학의 한 분야로서 정보의 개념을 수량화하고 저장, 전송, 처리 능력에 대해 수학적 입장에서 연구하는 정보이론을 창안했다. 즉 정보에 관한 수학 이론이다.

데이터의 불확실성을 나타내는 정보 엔트로피는 비트 수로 표현되기도 하고 저장용량의 단위가 된다. 정보이론은 무선 전송으로 알파벳 메시지를 보내려는 것에서 시작한 이론이며, 제2차 세계대전 중 암호해독과 통신 시스템 내에서 정보의 흐름이 중대한 작용을 한다는 것에서 착안했다.

통신이론으로도 부르는 정보이론은 부호화된 정보 전달의 역할과 가치 있는 정보인지를 구분하기 위해 확률을 이용한다.

내일 해가 뜨는 것은 정보의 가치가 없다. 확률이 100%이기 때문이다. 그러나 내일 공해가 최고치를 기록한다던지 어느 국가에서 큰 분쟁이 일어나는 것은 정보의 가치가 크다. 자주 빈번하게 일어나는 일은 아니기 때문이다. 따라서 확률로써 희소성이 있는 것은 정보의 가치가 크다는 의미가 된다.

가능한 많은 데이터를 안전하게 저장하고 잡음과 오류를 줄이는 것도 정보이론의 역할이다. 앨런 튜링도 정보이론과 비슷한 기법으로 제2차 세계대전의 독일군들의 암호를 해독한 바 있다.

지금 우리가 항상 사용하는 스마트폰이나 컴퓨터의 동영상과 음향, SNS 같은 커뮤니케이션도 정보이론의 결실로 이루어진 산물이다.

머신러닝*에는 해당 확률분포의 특성을 알아내거나 확률분포 간 유사성을 정량적으로 분석하는데 정보이론이 사용된다. 생물학, 언어학, 사회학, 경제학, 의학신호 이론, 패턴 인식, 인공지능, 경영 과학, 우주 과학 등 수많은 분야에 정보이론을 이용하고 있다.

머신러닝(Machine Learning): 인간의 학습 능력처럼 컴퓨터에게 부여하여 실현하는 인공지능 기술.

해가 뜨는 것은 정보의 가치가 없다.

전쟁은 빈번하게 일어나는 일이 아니기 때문에 정보의 가치가 있다.

74 대기행렬 이론

: 기다림의 시간을 줄이는 보이지 않는 설계

대기행렬 이론이란 고객의 도착 후 서비스 공급자의 입장에서 적절한 기다림의 수준을 유지하기 위한 서비스 능력 및 규모를 경제적으로 결정하고자 하는 수학 이론을 말한다.

대기행렬이 일어나는 이유는 서비스에 대한 수요와 공급이 불규칙하게 변하여 일시적 불균형을 이루기 때문이다. 여러분이 여행이나 업무를 위해 공항을 갈 때 입출국 심사를 위한 대기 시간도 대기행렬 이론에 속한다. 은행에서 은행직원의 적정한 배치와 대기 시간, 서비스 응대 시간 등 여러 변수들을 고려하여 수학 공식을 만들어서 그 대처방법에 대한 연구를 하는 것이다. 또한 고객이 적어서 비어 있는 유휴시간까지 고려하여 자원 낭비를 방지하는 섬세함도 있는 이론이다.

대기행렬 이론은 1909년 덴마크의 공학자이자 수학자 얼랑^{Agner Krarup Erlang, 1878~1929}의 논문에 수록된 전화 교환 시스템에서 시작했다. 당시에는 사람이 일일이 구멍에 끼워 회선을 연결해서 통화하는 시스템이었는데, 많은 사람이 동시에 전화를 하면 정체가 일어나게 되며 이를 막기 위해 회선을 늘리면 전화가 오지 않을 경우 불필요한 비용 발생이 일어나기 때문에 이를 효과적으로 예측하기 위해 연구했던 것이 대기행렬 이론이었다.

박물관에 전시되어 있는 전화 교환 시스템.

대기행렬이 이용되는 부분은 많다.

대기행렬의 구성요소는 대기열의 길이와 고객 수, 대기시간, 시스템 내에 머무는 시간, 서비스의 설비 이용률 등이 있다. 서비스 수행능력과 만족도에 따라 고객의 시간대 조절, 서비스 설비의 추가와 감축, 서비스 인력의 적정 할당, 재배치 등 여러 가지 계획안을 실행 후 조절하기도 한다. 비용과 시간의 효율성도 고려하여 최적의 방안을 세우는 것이다. 특히 서비스를 받는 고객들의 도착 패턴을 파악하기 위해 확률 분포를 반드시 이용하며, 수학적 모델을 사용한다.

대기행렬은 고객 서비스 센터 내의 텔레마케팅과 계산대 점원의 배치, 선거 때 투표 장소 인력 배치, 행사장 매표소 계획, 관공서의 민원·행정업무 구조 배정 등 고객에 관한 것과 공장 조립 라인, 공장 작업 기계 배치, 운반 작업, 자재 선적 등 산업에 관한 분야에도 적용한다. 교통공학과 인터넷 라우터 설계에도 사용한다. 따라서 우리 사회 전반에서 이용되고 있는 활용도 높은 수학적 이론 중 하나이다.

서비스에 대한 수요와 공급이 불균형을 이루게 되면 시간과 비용적인 측면에서 손해를 입게 된다. 휴가철의 공항, 단기간에 이루어지는 선거와 투표, 한정된 장소나 시간 안에 이루어지는 행사에는 효율적인 관리가 필요하다. 그리고 이때 대기행렬 이론을 적용시켜 관리할 수 있다.

NP 문제

: 현대의 천재들도 풀지 못한 최고의 난제

　　수학자들은 데이터와 그래프가 기존의 수학 공식과 유사한 형태를 가지고 있는지에 대해 매우 관심이 많다. 그리고 컴퓨터가 알고리즘을 빠르고 정확하게 수행하여 최적의 결괏값에 도달했는지에 대해서도 많은 열정을 쏟는다.

　　P 문제는 다항식 시간 알고리즘이 존재해 대체적으로 용이하게 풀리는 문제들이다. 좀 더 설명하면 결정론적 튜링기계를 사용해 다항식 시간 내에 답을 구할 수 있는 문제의 집합을 말한다. 따라서 알고리즘의 복잡한 정도에 따라 시간이 걸리기는 하지만 해결되는 문제로 볼 수 있다.

　　이 문제들은 알고리즘이 정확하며 하나의 선택지로 패턴을 갖고 있는 경우가 많아서 수학에 대한 접근과 증명, 풀이가 수월하다.

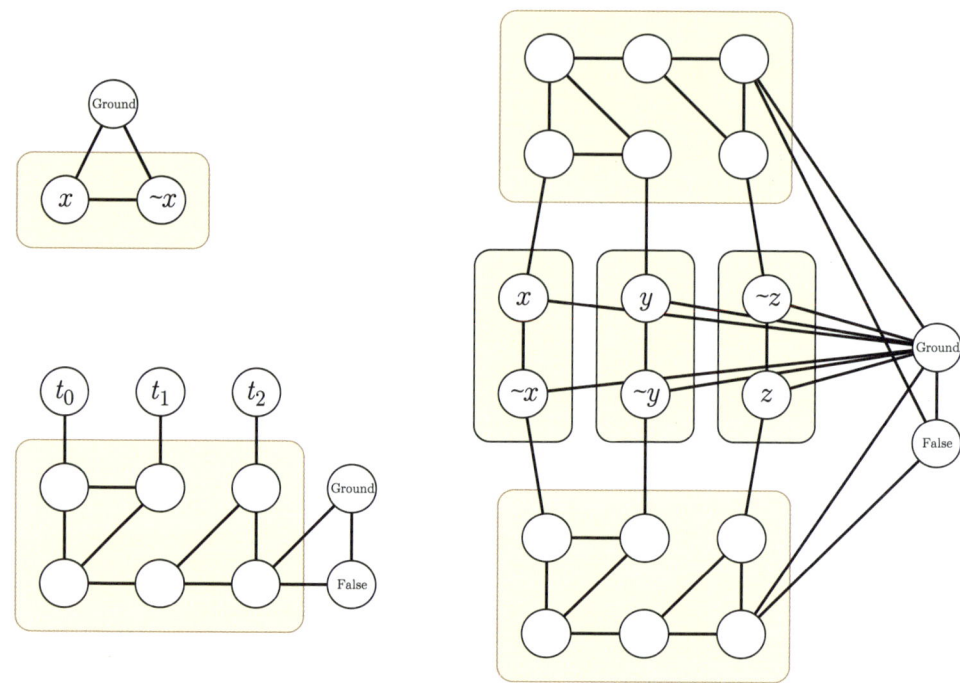

알고리즘으로 보여주는 NP 문제의 예.

반면 수학자들에게 지금도 미제로 남아 있는 것이 NP 문제이다. NP 문제는
해를 검증하는 것은 빠르지만, 빠르게 푸는 알고리즘이 알려지지 않는 경우가
많다. 일부 문제는 효율적인 알고리즘이 발견되기도 한다.

NP-완전 문제의 예로 유명한 것은 다음과 같다.

외판원이 방문을 할 예정인 도시 수인데 이는 많은 경우의 수가 발생한다. 시
간과 비용을 고려하여 외판원이 전체 경로의 수를 찾을 때 어느 곳을 시작으로
하고 어느 곳을 종착으로 하는지에 따라 계승(팩토리얼 !)의 경우의 수에 따르기
때문이다. 만약 5개의 도시를 순회한다면 경우의 수가 급격히 늘어나며, 도시가

조금만 더 많아져도 계승의 원리에 따라 수만, 수억 가지가 넘는 경로가 발생한다. 결국 최적의 해를 찾아보지만 빠르게 탐색되지는 않는다.

NP 문제에 대한 연구 중에 네트워크 모형이 있다. 네트워크 모형은 경영과학에서 유래한 수학 분야로, 함수의 대응 관계와 관련이 깊다. 결정변수, 제약조건, 목적함수를 짜임새 있게 구성하여 최적해를 찾으며, 복잡한 회로도 경제성과 효율성을 고려하여 생산성 있는 연결고리를 찾는 것이 주로 쓰는 해결방안이다.

상수도 파이프라인의 설치비용 최소화와 고속도로 건설 시 최단경로배정 등은 효율적인 알고리즘이 알려져 있다.

러시아 컴퓨터 공학자인 알렉세이 파지트노프^{Alexey Leonidovich Pajitnov, 1956~}는 1988년 러시아 음악과 함께 즐길 수 있는 벽돌 게임인 테트리스를 개발했다. 테트리스는 주어진 벽돌 조각을 회전시켜 줄을 맞추어 쌓아올리면 점수를 획득하는 게임이다. 테트리스도 NP-난해 문제에 속한다. 해밀턴 경로 문제도 NP-난해 문제이다.

상하수도 파이프라인 설치 시 최단경로 배정 등에 NP 문제를 활용한다. 우리가 즐기는 게임 중 테트리스도 NP 문제를 활용한 것이다.

76 작도

: 자와 컴퍼스만으로 증명하는 사고의 한계

눈금 없는 자와 컴퍼스로 도형을 그리는 것이 작도이다. 작도는 그리스인들이 고대 시대에 신이 원과 직선을 그릴 수 있는 도구를 주셨으니 그 것으로 도형을 작도를 할 수 있다는 신념에서 비롯되었다고 한다. 그 이후 작도는 기하학의 주제에서 중요한 것으로 인식되었다.

작도의 종류로는 길이가 같은 선분의 작도, 각의 이등분선의 작도, 선분의 수직이등분선의 작도, 수선의 작도, 크기가 같은 각의 작도, 정삼각형의 작도 등 여러 가지가 있다.

그중 각을 삼등분하는 문제, 정육면

작도.

체의 부피를 2배로 늘리는 작도 문제, 원의 넓이와 같은 정사각형의 작도 문제가 3대 작도 문제로 유명하다.

각을 삼등분하는 문제는 프랑스 수학자 피에르 방첼^{Pierre-Laurent Wantzel, 1814~1848}이 작도가 불가능하다는 것을 밝혀냈다.

그의 증명은 다음과 같다.

각의 삼등분에 대한 논제는 60°를 삼등분할 수 있는가에 대한 의문점으로 시작한다. 결론은 60°를 삼등분하는 것은 작도로는 불가능하다. 작도 가능한 각도는 45°, 90°, 135° 등을 포함한 몇 가지 각도이며, 실제로는 작도가 불가능한 각도가 많기 때문에 일반적으로 각의 삼등분은 불가능하다고 한다. 그만큼 반례가 많다는 증거이기도 하다.

이 문제는 유클리드 기하학에서 증명이 되지 않다가 19세기에 들어서야 증명이 된 오래된 난제에 속했다.

정육면체를 부피만 2배로 늘리는 것은 가능할까?

정육면체의 부피를 2배로 늘리는 작도 문제는 가로, 세로, 높이의 세 변의 길이를 2배씩 늘리는 것이 아닌 부피만을 2배로 늘리는 문제이다. 따라서 각 변의 길이를 $\sqrt[3]{2}$ 배씩 늘려야 한다. $\sqrt[3]{2}$ 는 약 1.25992이며 각 변의 길이를 1.25992배 만큼 일정하게 늘리는 것도 불가능하다. 이 작도 문제에는 재미있는 신화가 있다.

고대 그리스에 괴질이 돌자 그리스인들은 아폴로 신전에 가서 괴질을 없앨 방법을 물었다. 그러자 신전의 제단 부피를 2배씩 늘리면 괴질이 사라질 것이라는 신탁이 내려왔다. 이를 델로스 문제라고 한다. 그리고 3대 작도 문제 중

폼페이오의 아폴로 신전.

하나이다.

원의 넓이와 같은 정사각형의 작도 문제 또한 작도가 불가능하다.

원의 반지름의 길이를 1로 하면 넓이는 π이다. 정사각형은 가로와 세로의 길이가 같으므로 한 변의 길이는 $\sqrt{\pi}$이다. $\sqrt{\pi}$는 약 1.77245이며 린데만[Carl Louis Ferdinand von Lindemann, 1852~1939]이 작도가 불가능함을 증명했는데, 이에 따라 삼차방정식 이상의 고차방정식의 근에 해당하지 않는 근을 작도하는 것은 불가능하다는 것도 알게 되었다. π는 초월수이기 때문에 어떤 유리계수 다항방정식의 근이 될 수 없다는 사실과 관련지어 증명했다. 데카르트는 도형에 관한 작도를 대수방정식과 연관지어 처음으로 연구한 인물이기도 하다.

작도는 수학자들에게 기하학에 있어 중요한 대상이었다. 그리고 작도를 통해 고등기하학의 발전을 이룰 수 있었다. 또한 작도를 통해 π 같은 초월수에 대한 연구도 병행했다.

작도는 일상생활에서 테셀레이션, 로고, 프랙탈의 디자인에 종종 사용한다.

로고.

테셀레이션.

77 4색 문제

: 최소한의 자원으로 경계를 구분하는 기술

4가지 색으로 세계지도 같은 복잡한 것을 구별할 수 있도록 색칠할 수 있을까? 하는 전제에서 4색 문제는 시작한다. 수학자의 해결능력 범주를 벗어나게 된 것으로 검증이 컴퓨터에 의한 것이라는 것을 보여준 유명한 이론이기도 하다.

4색 문제는 1852년 영국의 대학원생이던 프랜시스 구드리는 영국의 지도를 색칠하다가 서로 다른 영역을 4가지 색만으로 칠할 수 있는지 고민했다. 해결이 되어 다른 어떤 나라도 가능할 것이라고 사고했다. 그러나 확신은 할 수 없었다. 고민 끝에 그는 수학자 드 모르간에게 질문했지만 답변을 들을 수 없었다. 그래서 수학자 해밀턴에게 이 문제를 질문했는데 그에게 돌아온 답변은 4색 문제의 기본 전제에 관한 것이었다.

색칠로 지도를 구별하는데 필요충분한 색의 수는 4가지이다.

두 영역이 인접했을 때 서로 같은 색으로 칠할 수 없다.

그는 위의 두 가지 전제를 기반으로 4색 문제를 증명하고자 했지만 실패했다. 그리고 이 문제는 수학계의 관심을 끌게 되었다. 수학자 힐베르트도 4색 문제에 도전했지만 증명하지 못했다.

오랜 시간 수학자들의 도전을 받았던 4색 문제는 1976년 컴퓨터 프로그램을 이용해 1,400여 개의 기본사례를 연구한 후 해결할 수 있었다.

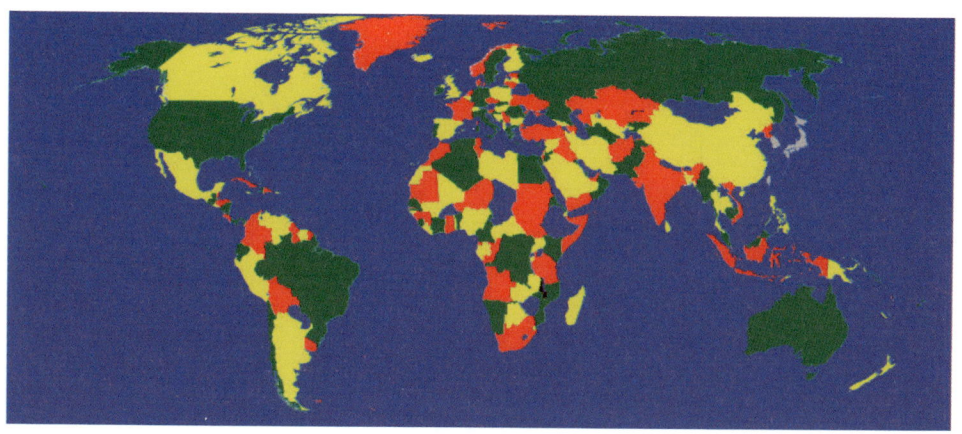

컴퓨터는 1976년 세계지도를 4색만으로 표현해냈다. 그리고 현재까지도 이 문제는 컴퓨터만이 증명할 수 있는 문제이며 수많은 수학자들이 도전하고 있는 문제이기도 하다.

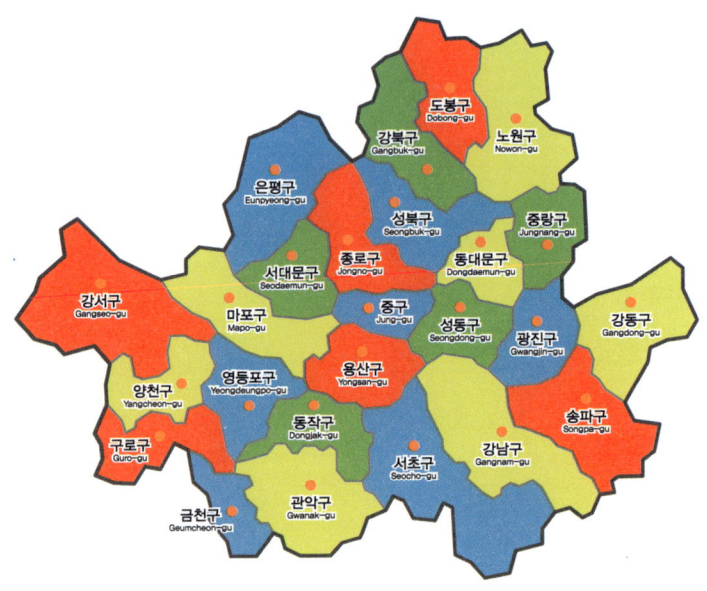

서울의 25개 구를 4색 문제로 해결하여 나눈 예.

4색 문제는 컴퓨터를 이용해 최초로 증명된 수학정리로 유명하다.

그래프 이론의 발전에 큰 영향을 준 4색 문제는 지금도 위상수학과 조합론 등에서 연구하고 있다.

찾아보기

참고 도서

누구나 수학
위르겐 브뤽 저, 정인회 · 오혜정 역

오일러가 사랑한 수 e
엘리 마오 지음

BIG QUESTIONS 수학
조엘 레비 저, 오혜정 역

페르마의 마지막 정리
사이먼 싱 지음

수학 수식 미술관
박구연 저

수학의 파노라마
클리퍼드 픽오버 저, 김지선 옮김

숫자로 끝내는 수학 100
콜린 스튜어트 지음

일상에 숨겨진 수학 이야기
콜린 베버리지 지음

손안의 수학
마크 프레리 저, 남호영 옮김

품질관리
송재우 저

한 권으로 끝내는 수학
패트리샤 반스 스바니, 토머스 E, 스바니 공저, 오혜정 옮김

한 권으로 끝내는 과학
피츠버그 카네기 도서관 지음, 곽영직 옮김

앤더슨의 통계학
데이비드 앤더슨 외 2인 공저

참고 인터넷 사이트

대학수학회 www.kms.or.kr

두산백과 www.doopedia.co.kr

이미지 저작권

표지 이미지

www.utoimage.com

www.vecteezy.com

www.freepik.com

www.shutterstock.com/